关 怀 现 实， 沟 通 学 术 与 大 众

# 牛奶狂潮

## Milk Craze
### Body, Science, and Hope in China

**麦 秀 华**
(Veronica S.W. Mak)

著

**吕 红 丽**

译

广东人民出版社
· 广州 ·

**图书在版编目（CIP）数据**

牛奶狂潮：身体、科学与希望 / 麦秀华著；吕红丽译. 广州：广东人民出版社，2025.5. —（万有引力书系）. ISBN 978-7-218-18329-9

Ⅰ. TS252.4

中国国家版本馆CIP数据核字第2025WR9816号

© 2021 University of Hawai'i Press.

NIUNAI KUANGCHAO：SHENTI、KEXUE YU XIWANG
**牛奶狂潮：身体、科学与希望**
麦秀华 著　吕红丽 译

版权所有　翻印必究

出 版 人：肖风华

书系主编：施　勇　钱　丰
责任编辑：钱　丰　陈畅涌
营销编辑：张静智　龚文豪
责任技编：吴彦斌

出版发行：广东人民出版社
地　　址：广州市越秀区大沙头四马路10号（邮编码：510199）
电　　话：（020）85716809（总编室）
传　　真：（020）83289585
网　　址：https://www.gdpph.com
印　　刷：广州市岭美文化科技有限公司
开　　本：787毫米×1092毫米　1/32
印　　张：11.125　　字　　数：158千
版　　次：2025年5月第1版
印　　次：2025年5月第1次印刷
著作权合同登记号：图字19-2025-056号
定　　价：68.00元

如发现印装质量问题，影响阅读，请与出版社（020-85716849）联系调换。
售书热线：（020）87716172

致"四维出世"、天一和我的父母

# 致 谢

《牛奶狂潮》一书见证了我在职业追求方面的转变。2009年,我辞去了食品营销的工作,转而开始研究食品消费与食品生产之间的关系。在这条探索之路上,我得到了许多人和组织的帮助。在此诚挚感谢所有在此项目中给予我鼓励和支持的人。

本研究始于我在香港中文大学的博士论文。刚入学时,得知能够师从陈志明教授,我感到荣幸至极。若是没有他的支持,我可能永远不会继续攻读研究型学位,也不可能成为一名人类学家。认识陈志明教授的时间越久,我越发钦佩他渊博的学识以及他对学生们尽职尽责的态度。他绝对称得上是一流的导师。真诚感谢他在各方面给予我的鼓励,对我悉心教导,为我指点迷津,助我开拓思想。感谢南希·波洛克(Nancy Pollock)对书稿提出的宝贵修改意见,让我受益匪浅。

感谢张展鸿教授，他是所有人类学领域老师中，对我撰写本书影响最为直接的人，他鼓励我从香港茶餐厅开始我的第一个研究项目。他既有研究历史的那份严谨又有钻研人类学的那份智慧，是他让我认识到架起人类学与烹饪学之间桥梁的可能性。感谢系主任麦高登（Gordon Mathews）教授对我的教学和研究的认可与信任。

感谢林舟（Joseph Bosco）对我的初稿给予的反馈，所提意见中肯有力、充满热情。感谢宗树人（David Palmer）看到了我的潜力，给我机会，予我动力，鼓励我挖掘潜力。感谢萨茹佳（Saroja Dorairajoo）教授，她对我在食品方面的研究和教学充满信心，使我备受鼓舞。感谢谭少薇教授、余墨荔（Erika Evasdottir）教授、吴科萍教授和王丹凝教授给予我的帮助、支持和鼓励。感谢吕烈丹教授最早让我了解到广东顺德的相关信息。她为人和蔼，百忙之中为我讲述了自己炒牛奶（水牛奶）的经历。作为老师她诲人不倦，深受学生和同事的爱戴，我们对她的思念始终未减。感谢香港中文大学人类学系所有同事，感谢大家对我的祝福和鼓励；特别感谢关宜馨、黄瑜、陈如珍和郑诗灵，助我拓宽思路，帮助我在教学和出版方面答疑解惑。真诚感谢曾展娴、梁铭华、王嘉琳和陈滴雯，不仅工作效率高，对我也始终耐心热情。

我对食品和食品宣传的研究兴趣源于哲学系老师的启发，感谢他们激发了我的好奇心，教会我批判性思维，以高标准要求我。特别感谢我的硕士导师张灿辉教授，为我播下了研究广告、消费和现象学的种子。感谢刘国英教授和刘昌元教授充满激情的讲解，使我受到了法国哲学家福柯（Michel Foucault）、德国哲学家海德格尔（Martin Heidegger）、法国哲学家梅洛·庞蒂（Maurice Merleau-Ponty）和德国哲学家尼采（Friedrich Nietzsche）哲学思想的熏陶，改变了我对饮食健康、营养科学和道德的认知。

我在顺德调研本地饮食文化和饮食健康情况时，得到了很多人的帮助。首先感谢金榜牛乳手艺人和大良[1]的朋友们。为了撰写本书，多年来我不断往返金榜

---

[1] 广东省佛山市顺德区的一个镇，以大良牛乳而闻名。——译者注（本书页下注除特别说明外，均为译者注。）

村和大良镇进行调研，每次都受到了朋友们的热情款待。我向他们了解了许多关于牛乳[①]文化的问题，无论问题多么复杂、烦琐，他们总会耐心地解答。特别感谢玉姐，每次我去大良镇的时候，都住在她姐姐家。他们陪我去金榜村调研，把所知道的牛乳历史和现状毫无保留地告诉了我。感谢香港顺德联谊总会的陈德荣司理，没有他的支持，我根本不可能在顺德开展调研。他还邀请我参加了顺德几所知名中学的奖学金颁奖典礼活动，与本地人建立了良好关系。

特别感谢顺德梁銶琚职业技术学校的大力支持，他们特地为我在教师宿舍申请了一套公寓，还为我准备了一间安静的办公室。特别感谢黄建华、陈振通、王英辉等管理人员，帮助我安排学生小组讨论，与我分享日常生活中牛乳的消费经历。特别感谢廖锡祥先生和罗福南先生，他们大方为我讲解了顺德的美食知识。

在此谨以此书献给我的良师益友，知名儿科医生

---

[①] 本书中提及的"牛乳"特指广东顺德出产的一种圆片状水牛奶食品。详情见后文。——编者注

兼香港中文大学荣誉临床副教授梁淑芳女士。梁淑芳教授阅读了几章初稿后，给我提出了宝贵建议，还邀请我参加了一些医学和营养学会议。她知识渊博，热衷于健康研究，对穷人富有同情心，友善大方，受人尊敬。感谢注册营养师刘立仪介绍我认识了梁淑芳教授，教我营养学知识，对我耐心激励。

亦感谢香港中文大学联合书院利希慎基金会的资助和香港树仁大学社会研究中心给予的研究基金支持。我利用这些基金完成了整个项目的后期工作，并于2017年重访金榜村完成了初稿修订工作。特别感谢余济美教授和张越华教授，他们让我懂得一切皆有可能，鼓励我不惧困难，坚持不懈地从事学术研究和写作。

感谢夏威夷大学出版社编辑细心周到，真诚友善的池田雅子女士，感谢责任编辑温迪·博尔顿（Wendy Bolton）帮助我完成了本书的最后流程。真诚感谢埃伦·梅瑟（Ellen Messer）——一位愿意透露身份的评审给予的帮助。感谢雅子女士和夏威夷大学出版社全体工作人员对我这个新人写作者的指导。感谢来自《食与食之道》（*Food and Foodways*）、《健康风险与社会》(Health, Risk and Society)、《食品与营养生态学》(Ecology of Food and Nutrition)等期刊的匿名评审,根据他们的建议,我对本书重点探讨的主题进行了修改,以期精益求精。特别感谢期刊编辑卡萝尔·库尼汉(Carole Counihan)对本书第一章提出的重要意见,帕特里克·布朗(Patrick Brown)对第四章的完善,苏尼尔·康纳(Sunil Khanna)对第五章的评论,他们的评论分别发表在2014年、2015年和2017年的期刊上。

虽然写作是一场孤独的修行,但我却在这期间得到了许多人的支持,也收获了珍贵的友谊。感谢责任编辑麦浩天(Scott McKay),他不仅耐心地阅读了本书的每一章节并进行了合理的编辑,提出了一些值得深省的重要问题,还给我发来了许多相关新闻和参考文章。他提出的批评建议极具建设性,帮助我对书中的内容作了进一步完善。感谢美国人类学学会东亚人类学会、香港人类学会、台湾人类学与民族学学会、中国饮食文化基金会和美国亚洲研究协会组织的各大会议中对本项目的评议。感谢西敏司(Sidney Mintz)、吴燕和(David Wu)、日野みどり、竹井惠美子、詹姆斯·法勒（James Farrer）、尼尔·阿里利（Nir Avieli）、杨朝钦（Yang Chao-chin）、马克·德·费里埃·勒瓦耶尔（Marc De Ferriere Le Vayer）、沙学汉（David Schak）、伍其暖（John Eng Wong）、张玉欣、蒂纳·约翰逊（Tina Johnson）、王迪安、林怡洁和卢淑樱在会议上对本项目提出的建议。感谢会议组织者，特别是中华饮食文化基金会主席翁肇喜先生的精心组织，感谢他的坦率、支持和热情。感谢陈玉华、朱建刚、程瑜和段颖的真知灼见，他们就中国和东南亚地区的食品、民权和健康问题提出了宝贵意见。

感谢香港树仁大学社会学系和香港中文大学市场营销系的同事们在日常工作中给予我的慷慨支持。感谢系里所有同事在专业知识方面的支持，特别感谢陈蓓、许耀峰、刘珮欣、邝玉仪、张萌、沈浩、范亭亭、金滉（Kim Hwang）、林小苗（Samart Powpaka）以及于宏硕教授对我的教学和研究提出的有益建议。感谢系主任张越华教授、贾建民教授和许敬文教授作为领导给予的支持和关心。感谢坎迪·林（Candy Lam）、朱丽叶·周（Juliet Chau）、克里·洪（Kerri

Hung)、本森·陈（Benson Chan）、辛迪·王（Cindy Wong）、伊冯娜·凌（Yvonne Ling）、诺娃·谭（Nova Tan），以及迪伦·陈（Dylan Chen）给我的帮助和不懈的支持。

  在此，更要感谢家人对我的坚定支持。感谢父母的恩情，在我去顺德做田野调查时，他们陪我一起去并帮助我照顾儿子。他们总是在我需要帮助时，无私地出手相助，对我的儿子天一无比疼爱。我进行田野调查时，儿子才刚刚会走路。这本书见证了他的出生与成长。儿子的创造力和对学习的热情，一直是我在研究和写作过程中灵感和快乐的主要源泉。感谢天一的父亲"四维出世"对我这个项目的大力支持。在我最低谷的时候，他一直鼓励我、安慰我。"四维出世"，感谢你教会我听从内心，追逐梦想。

# 目录 CONTENTS

- 001/ 引　言　文化政策视域下中国牛奶消费现状
- 045/ 第一章　中国古代牛奶、身体概念和社会阶层
- 081/ 第二章　牛奶公司、英式奶茶和瓶装豆奶
- 127/ 第三章　全球资本、本地文化及食品安全
- 173/ 第四章　配方奶喂养
　　　　　　——母爱、成功和社会身份的象征
- 221/ 第五章　医药关系网络：塑造疾病　给予希望
- 253/ 结　论　世界食物体系、政府角色和个体医学化
- 277/ 注　释
- 287/ 参考文献

# 引言

## 文化政策视域下中国牛奶消费现状

2013年，香港的一些中产阶级市民由于自用奶粉短缺问题而感到焦急不安，引起国际媒体关注，多家媒体报道了香港"奶粉荒"事件。内地一些人涌入香港，购买大量婴儿配方奶粉带回内地售卖，以谋取巨额利润，导致香港药店和超市奶粉短缺，父母很难买到奶粉。[1]

这股"牛奶狂潮"并非只对香港产生了影响，甚至在世界各地都激起了涟漪。同年，由于中国游客大量购买婴儿配方奶粉，欧洲超市也相继开始限购，规定每位顾客限购2罐配方奶粉（Hatton 2013）。同样，2015年，澳大利亚最大的两家连锁超市客澳市（Coles）和伍尔沃思（Woolworths）也被迫推出了每人限购4罐的政策。2017年2月，内地的消费者却一跃成为世界第二大牛奶消费群体，这一结果震惊了国际社会（Eagle 2017）。[2] 许多外国评论家把中国牛奶消费的快速增长现象称为"牛奶狂潮"（Graham 2017; Leong 2017）。

在中国各个城市的每个角落都能感受到牛奶（尤其是配方奶粉）在当代中国人民日常生活中的重要性。不管是走进药店还是超市，都能看到货架上摆放着五颜六色、各种包装的配方奶粉。毋庸置疑，每款奶粉都是经过了数百项市场调研、大数据分析和市场情报研究之后才被投入生产的。每款奶粉上的标签也是经过精心设计的，但是包装上的各种化学名称、配方、符号和图标以及产品名称和成分的化学缩写，经常让我感到迷惑不解，好像标注这些就是为了表明罐子里装的奶粉是现代的、经过科学检验的，有益于健康的产品似的。

大量消费牛奶并不是中国社会近期才有的现象：在香港，除了药店之外，还有一个充斥着牛奶和乳制品的地方，那就是茶餐厅（香港的茶餐厅有点像美式小餐馆）。茶餐厅主要以家常菜为主，能够满足许多家庭的需求，早餐时间，茶餐厅内往往都是人山人海。最受欢迎的早餐，有经典的微甜燕麦炼乳粥，一碟炒蛋和一片焗得香脆的吐司，再配上一杯热气腾腾的港式"丝袜奶茶"。[3]仔细研究经典的茶餐厅早餐菜单，就算不了解这些食物的人也会惊讶地发现，几乎每一种食物里都有牛奶的影子：制作面包时，会在面粉中加入奶粉，使之更松软；炒鸡蛋时会加入一点奶油，使之更嫩滑。一些注重健康的家长认为，早餐喝牛奶有助于增强孩子的营养，因此每天会多给孩子8港元，购买一瓶牛奶国际（Dairy Farm，后文统一以其旧名"牛奶公司"称之）[①]的鲜牛奶，确保孩子在学校学习期间营养和能量充足。

虽然许多中国人现在都养成了每天喝鲜牛奶或奶茶的习惯，也会经常购买奶酪、冰激凌和配方奶粉，但是越来越多的人在购买时都存在一定程度的"恐慌"。鲜为人知的是，中国人"疯狂"购买的配方奶粉只有3种品牌，而且都是从外国进口的，即荷兰的美素佳儿（Friso）、美国的美赞臣（Mead Johnson）和新西兰的牛栏奶粉（Cow&Gate）（*Mingpao* 2013；*Topick* 2015）。此外，广东顺德的本地水牛奶和牛乳[②]销量下降，受欢迎程度不如以往，这也进一步表明，

---

① 1886年由苏格兰医生、"热带医学之父"万巴德爵士与5位香港商人合作成立。——编者注

② 牛乳，广东省佛山市顺德区大良镇出产的一种乳制品。形状为圆片，也称牛乳饼、牛乳片。

从外国进口的牛奶已经成为中国牛奶消费的主要产品（Chen 2015）。

中国消费者对牛奶的选择为何会发生这样的转变，要弄清楚这一过程并非易事。中国消费者都会在购买牛奶时进行详细了解，从而作出"明智决定"。现在，一位工薪阶层的母亲在给孩子选择配方奶粉时，通常会先咨询西医或中医、医护人员、亲戚朋友，或者在社交媒体和电视节目中搜索相关营养信息，然后再作决定。中产阶级消费者在决定购买牛奶时，会认真对比不同品牌标签上的营养成分、产品价格和原产地信息，还会考虑孩子的营养需求以及每个品牌在食品安全方面的声誉情况。

我以"婴儿大饥荒爆发"开启本书，旨在让人们了解政策和文化对中国中产阶级的家庭生活和消费行为的影响。人们在购买牛奶时，都会再三权衡牛奶的营养科学、健康情况和品牌形象。对市场上新推出的、采用先进技术的进口配方奶粉，消费者通常是茫然的，不知道其营养价值、生态效益和品牌形象是否与其价格相匹配；他们会纠结，究竟应该购买本地水牛奶公司的产品，还是购买从外国进口的牛奶；他们不知道进口的牛奶是不是真的比本地产品更新鲜、更安全、更营养；他们也不确定进口的牛奶与内蒙古的超巴奶（ultra-pasteurized milk）[①]或海外进口的罐装奶粉，哪个更容易变质；他们也不知道，添加了中药成分的本地风味牛奶饮料，是否比直接从澳大利亚和新西兰进口的纯鲜奶更好。

中国境内的"牛奶狂潮"现象日渐突出，外国亦然。这种对牛奶的狂热不仅增加了中国父母的压力，使之身心疲惫；此外，还构成了地方政策和市民诉求之间的社会张力。对牛奶的狂热也引发了一些意想不到的后果，如环境污染和健康问题。由于中国现在是新西兰奶粉的最大消费国（Inouye 2019），为了满足需求，新西兰这个只有470万人口的国家，竟然见缝插针地饲养了大约660万头奶牛；就连曾经是干旱性草原的麦肯齐盆地（因《指环王》系列电影而出名）也被改造成了一片用于饲养奶牛的翠绿田野（*The Economist*，2017；Hutching，2018）。进口奶牛数量

---

[①] 杀菌工艺介于巴氏奶（俗称鲜奶）和超高温灭菌乳（俗称常温奶）之间的奶产品，外包装上常普遍标注为"高温杀菌乳"。——编者注

的激增产生了大量牛的尿液,尿液中富含的氮一旦渗入水中,就会引发有毒藻类的滋生。新西兰土地稀少,为了能够饲养更多奶牛,当地采用氮肥提高奶牛饲料产量,这更加剧了上述环境污染问题。其直接后果就是,新西兰60%的湖泊和河流受到污染,不再适宜游泳(*The Economist*,2017)。据柏兆海(Bai)及其团队的预测,到2050年,全球因牛奶而产生的温室气体排放量将增加35%,种植饲料所需土地数量将增加32%。这又将进一步加剧气候变化问题,导致更严峻的土地短缺问题(Bai et al.2018)。除了这些高昂的环境成本外,中国人牛奶消费量的激增改变了其饮食结构,也产生了新的、高昂的医疗成本。虽然鲜奶和牛奶富含蛋白质和钙,是人体功能正常运行必不可少的营养素,但是鲜奶和牛奶的脂肪含量非常高。中国人对牛奶和肉制品消费量日益增加,其饮食营养正在向高脂肪全面转变。再加上缺乏体育运动,人们认为,这种饮食营养转变与中国成年人超重问题、肥胖问题和与饮食相关的非传染性疾病(DRNCDs)的快速增长息息相关(Caballero and Popkin 2002,1;Du et al. 2002)。最近的研究结果还表明,这种饮食营养变迁的趋势已经蔓延到了儿童群体。根据中国健康与营养调查（CHNS）首次收集的数据，一项从2006年至2011年对6岁至14岁儿童进行的全国性调查显示，与饮食更为传统的儿童相比，饮食方式偏现代的儿童对鸡蛋、牛奶、小麦面包的摄入量相当大，这种饮食习惯与其后期的肥胖程度呈正相关（Zhen et al. 2018）。[4] 无论是学者还是公共卫生政策的制定者都应该了解这种饮食变化背后的原因，帮助改善城市居民的健康水平，降低死亡率。

## 为何研究牛奶？

根据媒体对"牛奶狂潮"现象的报道以及对现有文献的研究，这一问题的症结可归纳总结为：以利润最大化作为发展目标，致使中国奶农和牛奶企业采取了一些急功近利的操作。中国的父母为了孩子的健康，不得不购买国外进口的昂贵配方奶粉。然而，有一个根本性问题很少有人提及，那就是：为什么现在的中国人对牛奶的需求量如此之高？

在对中国牛奶消费情况进行调研的过程中，我惊讶地发现，竟然没有一个人提出"牛奶这个全球化商品何时成了中国的饮品"这个问题。我的惊讶程度不亚于梅拉妮·迪普伊（Melanie DuPuis）发现美国没有人能严肃回答"为什么要喝牛奶"这一问题时的惊讶程度（DuPuis 2002，6）。长期以来，人类学家的研究重点一直是人们对食物的选择以及饮食发生的种种变化（Cwiertka 2000；Leach 1999；Messer 1984；Pelto and Vargas 1992）。人们对特定食物的选择和饮食上发生的变化，通常可以从生物学（或生态学）和文化两个角度进行阐释。食物是生物生存所必需的物质，而且几乎所有文化都为食物赋予了丰富的意义。人们对犹太人和穆斯林为什么不食猪肉以及印度教徒为什么不食牛肉的争论，就是解释不同文化对食物赋予了不同意义的有力证据（参见 Douglas 1966；Harris 1974，1986；Harris and Ross 1987；Sahlins 1976）。例如，美国人类学家马文·哈里斯（Marvin Harris）认为，印度教教徒之所以不杀牛是因为牛具有经济价值，与宗教、宇宙或其他文化因素无关。而唯物主义观点和进化论观点却认为，一个民族应该将饮食的适应性意义（即饮食行为是否能促进生存和繁殖）放在首位，坚信如果用经济适应性或达尔文进化论衡量，食物食用性的益处应高于一切（Brown et al. 2011；Harris 1979）。

许多汉学家都尝试用生物学和唯物主义的方法，如通过将饮食方式与假定的种族特征联系起来的方式，通过分析农业和畜牧业体系经济回报的方式，解释中国人传统饮食中不使用牛奶的情况。例如，黄兴宗通过对中国饮食中牛奶和豆浆相关科学与技术的历史研究，从经济学和进化论的角度解释了中国古代饮食中较少出现牛奶的原因。他指出，中国人断奶后体内就不会再继续合成用于消化乳糖所必需的酶（乳糖酶，一种可水解乳糖的肠道酶），原因有二。首先，"在整个漫长的史前时期，中国人身体所需的钙主要是从自己种植或从野外采摘的绿叶蔬菜中摄取的。再加上充足的阳光，有助于体内合成维生素D，能够促使钙的吸收。因此，无论牛奶是否充足，能够吸收乳糖的人和不能吸收乳糖的人之间都不存在什么选择压力。"其次，唐宋时期豆腐商品化，各行各业的人都有能力消费，能够从中摄取丰富的蛋白质和钙（Huang 2002）。因此，即使到了现在，中国人的乳糖耐受性仍然非常低（仅有5%，相比之下美国人为86%，印度人为36.5%，详见Nicklas et al. 2009；Tadesse, Leung, and Yuen 1992；Wang et al. 1984）。许多学者认为大多数中国人体内乳糖酶不足，完全符合马文·哈里斯提出的"恐乳症"范畴，哈里斯"惊讶地发现，竟然还有人把它（牛奶）视为一种恶心、难闻的腺体分泌物，但凡是有自尊的人，连尝都不会尝一口"（Harris 1986, 130—131）。神代由纪夫是一位受人尊敬的历史学家，主要研究中国农业，并把《齐民要术》翻译成了日语。他认为中国的农业实践自成一格，堪称"东亚农业文明的典范"，与西方的"畜牧农耕文化"形成鲜明对比（Yukio 1971, 445）。

然而，在过去20年中，中国迅速成长为全球第四大牛奶生产国，仅次于美国、欧盟和印度（DBS Group Research 2017）。中国也是世界第四大液态奶市场（2018年产量达到1270万吨），仅次于印度、欧盟和美国（Statista.com 2019）。既然中国人乳糖耐受能力低，那么细心的读者一定会问，为什么中国人会在短短的50年里就从"恐乳症"迅速转变成了"嗜乳症"。既然中国人乳糖不耐受，会出现腹泻、腹痛和腹胀等情况，为什么现在会消费这么多牛奶呢？为了更好地了解中国牛奶消费量激增的原因和转变过程，有必要在此简要探讨与牛奶消化相关的遗传特征和牛奶消化不良症状。

## 乳糖不耐受的症状及牛奶消费新变化

人类遗传学家和生物学家长期以来一直在研究，为什么人类消化牛奶的速度以及方式存在如此大的差异。乳糖是一种双糖（二糖），由葡萄糖和半乳糖组成，只有通过一种名为乳糖酶的特殊酶将其分解成单糖后才能被吸收（McCracken 1971；Wiley 2014）。一般来说，哺乳动物在婴儿时期会分泌乳糖酶，以分解母乳中的乳糖，但是断奶后乳糖酶分泌量开始减少并逐渐停止。英国进化生物学家凯文·拉兰德（Kevin Laland）及其团队指出，从新石器时代早期欧洲人身上提取的古DNA中没有发现导致乳糖不耐受的等位基因，这表明7000—8000年前的人类身体中就不存在这类等位基因，要么就是基因频率较低（Laland, Odling-Smee, and Myles 2010，145）。乳糖酶基因的选择始于5000年至1万年前，那时乳业开始发展，从而促使现代人类的乳糖耐受模式千变万化。据资料显示，北欧人和非洲以及中东的牧民基因突变频率高，乳糖酶的活性能够持续一生。

当然，这并不能说明其他拥有哺乳动物古DNA序列的人类都不能喝牛奶。首先，如生物学家尼西姆·西拉尼科夫（Nissim Silanikove）及其团队所述，患有乳糖不耐受症的儿童可能只有到青春期后期至成年后才会显现出乳糖不耐受的症状（Silanikove, Leitner and Merin 2015）。其次，大多数乳糖不耐受者能够在饮食中耐受一定量的乳糖。美国国立卫生研究院（National Institute of Health）的专家建议，乳糖吸收不良的成年人和青少年可每天喝一杯牛奶（含12克乳糖），这并不会出现乳糖不耐受的症状或只会出现轻微症状（Silanikove, Leitner and Merin 2015）。第三，乳糖不耐受的症状因人而异。有些人说，他们对乳糖的不耐受性情况，不同时期表现不同，会受到健康状况、是否怀孕以及对乳糖摄入量的适应性因素的影响（Hertzler and Savaiano 1996）。第四，饮食习惯可缓解乳糖不耐受引起的胃肠道症状。如果乳糖与膳食同时摄入，如牛奶与麦片同食，或一天少量摄入牛奶，有可能改善人体对乳糖的适应性（Hertzler et al. 1996；Suchy et al. 2010）。

虽然这些丰富的研究解释了乳糖不耐受的人也可以喝牛奶的原因，但却无法解释，牛奶生产进入产业化以后，中国人牛奶消费量激增（人均年消费量约为36千克）的原因。为了回答美国人"为什么要喝牛奶"和"牛奶为何如此受欢迎"这两个"不起眼"的问题，迪普伊提出了一套整体跨学科的方法，研究"从生产到消费，从19世纪中叶乳业诞生到'喝牛奶了吗（Got Milk）'运动，从牛奶生产的细枝末节到完美主义在美国社会思想中的地位"。（DuPuis 2002，6）。为了在本书中阐释"中国牛奶消费量为何如此之高"的问题，我深入探讨了一些历史性和社会性的问题，如中国人是什么时候开始消费牛奶的；牛奶是如何走进中国人的日常生活的；随着时间的推移，中国人对牛奶的消费情况发生了怎样的变化；哪些人群消费牛奶最多，其原因为何；这种对牛奶的痴迷是强化抑或遮掩了什么；从"牛奶狂潮"事件中，我们是否能看出中国人对营养美食、强健身体和健康长寿的定义。

如果从人类学角度解读，这些历史性和社会性问题又会引出一个问题：研究某一特定时期单一商品的营销和消费模式的变化，能否反映广泛的文化和社会变迁？西敏司对糖的研究和威廉·罗斯伯里（William Roseberry）对咖啡的研究就是典型的例子。西敏司在其著作《甜与权力》（*Sweetness and Power*，1985）中，探讨了从17世纪至19世纪英国人饮食中糖的消费量不断增加与加勒比地区殖民统治和奴役劳工之间的联系。他从政治经济学的角度研究了波多黎各（Puerto Rico）和英国在糖的生产和消费之间产生的权力关系，对我研究内地和香港的牛奶市场发展情况具有深刻的启发意义。西敏司分析了糖这种外国食品突然成为加勒比海原住民日常必需品的过程，他认为资产阶级是新兴工人阶级的供糖人，糖就像"毒品"一样让劳动阶层上瘾，在矿场和工厂劳动一天后，糖是工人们最好的安慰，并指出，英国工人阶级的"甜牙齿"并非天生，而是殖民主义者为了获取经济利益精心培养的。"反倒是引入的新食物，像蔗糖这样，可以提升工人们日常食物中的热量，却不需要提高畜肉、鱼肉、禽肉和乳制品在食物消费中的比重"

（Mintz 1985，193）。[1]与之相比，罗斯伯里发现，出于对前工业化时代的怀旧之情，那些实现阶层跨越、经济上取得成功的消费者对精品咖啡的消费，促使美国"雅痞精品咖啡店"遍地开花。这类精品咖啡新市场是建立在自由市场机制对第三世界咖啡生产者的剥削基础之上的（Roseberry 1996）。本书中与牛奶相关的问题，虽然涉及的范围并不广泛，但我与西敏司和罗斯伯里的观点一致，相信通过研究现代化国家新食品的消费社会史，有助于丰富现代生活人类学的内容（Mintz 1985，xxviii；Roseberry 1996）。

## "牛奶体系"与中国乳业

本书旨在阐述曾经殖民时代的产品——牛奶，在中国经济增长过程中和全球资本主义发展中所发挥的特殊意义。"牛奶狂潮"是现代中国人饮食结构发生巨大变化的典型范例，在研究过程中，我发现哈丽雅

---

[1] 中译文参见［美］西敏司：《甜与权力：糖在近代历史上的地位》，王超、朱健刚译，商务印书馆2010年版，第189页。——编者注

特·弗里德曼（Harriet Friedmann）提出的"食物体系"（food regime）框架有助于我们理解这一全球现象。弗里德曼指出，人们普遍误以为20世纪70年代初发生的全球性粮食危机是由自然灾害造成的。通过对这次"粮食危机"的调查，她发现短缺的粮食（如小麦）基本不是传统的本地食材，都是国外进口的新品种——是此前欧美发达国家以"粮食援助"形式向各国提供的（Friedmann 2005）。

二战后美国等发达国家以粮食援助的形式向亚洲和许多第三世界国家提供粮食出口补贴，改变了这些国家人民的饮食方式，从粮食自给自足转变为对进口粮食的长期依赖。粮食援助计划由美国发起，是"食物体系"的主轴，创造了饮食新文化，成为许多国家的"传统"。弗里德曼指出："在1947年世界粮食委员会（World food Board）[①]的提案流产之后的25年中所建立的食物体系，自然地框定了农业、粮食、农业

---

[①] 1946年10月，由时任联合国粮农组织（FAO）总干事的约翰·博伊德·奥尔（John Boyd Orr）提出的一项粮食计划，以解决战后粮食短缺问题，但由于英、美两国的反对，此项建议最终没有落实。——编者注

劳动力、土地使用、国际专业化模式以及所谓的'贸易'等议题。这一食物体系体现了国家、企业、社会阶层和消费者之间的互补目标,极大地改变了国际生产和贸易模式。"(Friedmann 2005,240)

历史学家乔治·索尔特(George Solt)所著的《拉面:国民料理与战后"日本"再造》(*The Untold History of Ramen*)一书中就有一个典型例子,他在书中指出,日本现在的"传统"拉面实际上是美国粮食援助的产物。拉面在日本的盛行源于从美国进口的小麦面粉(メリケン粉)价格低廉,供应过剩;此外,战后从中国回国的日本退伍军人将中国美食的烹饪方法引入日本,自此饺子和中华面条[中華そば,用肉汤煮的小麦面条,后来被称为拉面(ラーメン)]开始在日本风靡(Solt 2014)。美国通过粮食援助计划向国外"出售"商品,换取不可兑换的货币(或"软货币"),一跃而起成为世界主要粮食出口国,逐渐使进口国产生一种认知,好像美国是一个取之不尽、用之不竭的"面包篮"。最初,美国在食物体系中只是众多出口国之一,而此时利用粮食援助计划,成功跃居主要粮食出口国之位。然而,对一些第三世界国家来说，粮食援助计划不仅没有带来预期的贸易增长，人们反而因此被改变了饮食习惯，并对进口粮食形成了长期依赖。美国以粮食援助的形式向其托管地以及第三世界国家出口廉价小麦粉，使这些国家及地区从原本的自给自足地区转变为依赖进口的地区。

日本因为美国的粮食援助创造了拉面文化和新的饮食传统，与之类似，20世纪80年代，欧洲通过粮食援助计划向中国出口牛奶，为中国的"牛奶变革"埋下了伏笔。中国利用这些进口的脱脂牛奶、黄油，再加上本地生产的鲜牛奶，生产了近百万吨牛奶。1984年至20世纪90年代初，中国政府将通过粮食计划进口的牛奶，免费提供给新生儿、老人、伤员、退休官员、高级教师、癌症患者和其他危重症患者等有特殊需要的人群。新的牛奶政策广受欢迎，尤其是那些受过良好教育的中产阶级尤为推崇，他们对国外营养科学了解较多，更懂得牛奶的营养价值。即使到了20世纪60年代，牛奶在中国仍然属于稀缺商品，仅限于医院的病人和托儿所的幼儿食用。中国政府向需要的人群提供免费牛奶，彰显了一个现代化国家对人民的关爱。

欧洲除了以粮食援助的形式向中国出口奶粉以外，长期以来发达国家的乳品公司在传播牛奶文化以及改变中国和亚洲其他国家人民的饮食方式方面，发挥了关键作用。若战后部分发达国家的军用食品供应没有过剩（如奶粉和罐装牛奶），亚洲国家可能就不会出现用稀释的罐装浓缩牛奶代替母乳喂养婴儿的做法，也不会产生"奶粉更健康"的信念。最显著的例子是，印度尼西亚从19世纪80年代开始大力推广罐装、加糖的脱脂炼奶，用于婴儿喂养（Den Hartog 1986）。直到2018年，随着印度尼西亚儿童肥胖问题日益严重，印度尼西亚政府才最终颁布政策，禁止将浓缩牛奶和相关乳制品作为牛奶销售（Tay 2018）。《牛奶的地方史》（*Milk：A Local and Global History*）的作者底波拉·瓦朗斯（Deborah Valenze）指出，罐装牛奶的全球化可以追溯到第二次世界大战战前时期，那时牛奶还没有真正成为饮料，但欧美世界的牛奶产量已经呈指数级增长（2011）。罐装牛奶（炼乳或奶粉）具有便于携带和保质期长的优点，美国的炼乳产量在1890年至1900年间增长了近5倍，此外，第一次世界大战期间欧洲对罐装牛奶的需求量也不断攀升。瓦朗斯指出，早在1900年，在西欧和美国资本主义经济重组的推动下，美国牛奶的产量激增，并出现了过剩。战后，欧洲和美国对罐装牛奶和奶粉的需求量减少，牛奶加工业受到威胁，但由于全球食品出口网络正在向未开发的市场扩张，牛奶加工业也因此从中受益。例如，曾经受英国殖民统治加拿大，其农场和工厂源源不断地向大英帝国最远端的南非，甚至东亚地区输送罐装牛奶。

与罐装牛奶的情况相似，战后西方世界对奶粉的需求下降，也出现了供应过剩的情况，在19世纪60年代，发达国家的乳品公司［如雀巢（Nestlé）］通过营销活动在亚洲大肆扩张，将配方奶粉广泛销售到亚洲各地（Sasson 2016）。进入21世纪，那些专为亚洲市场量身定制的配方奶粉被添加了DHA成分，虽然价格高昂但销量火爆。在奶粉中添加DHA成分，不仅是为了提高婴儿认知能力在科学方面取得的新突破，更是大型制药公司为扩大其在中国各地的市场份额而精心打造的营销策略。由于品牌奶粉在欧美等发达国家及地区失去了吸引力，制药公司纷纷将销售重心转向了中国和东南亚市场。他们在这些市场大力宣传优质配方奶粉，把奶粉包装成有助于婴儿大脑发育和增强体能的必备食物。家长们为了孩子的健康成长，每个月不惜花费近一半的工资购买高价奶粉。由于这种强大的宣传力度，家长们相信，这些优质配方奶粉是孩子未来能否成功的关键，是孩子能否变得"国际化"以及取得优异学业成绩的决定性因素。

当然，如果没有地方政府的支持，如果没有融入中国的某些传统元素，外国乳品公司在中国市场的扩张不可能如此成功。20世纪90年代末，中国的牛奶消费量急剧增长，同期，内蒙古乳业也取得了飞速发展。中国的乳品公司大多属于国有，20世纪70年代末，经过一系列经济改革之后开始逐步发展。到了20世纪90年代末，政府为了促进国内生产总值（GDP）持续增长，推行新的经济政策以及实行分税制改革，中国乳业从此有了突飞猛进的发展。为了增加地方政府的财政收入，内蒙古自治区政府和牛奶公司之间形成了一种中国乳业的新模式。2001年中国加入世界贸易组织（WTO）后，开放国内乳业市场，降低了牛奶的进口关税，大量牛奶进入我国，如新西兰的奶粉。面对国外企业带来的市场竞争，中国政府鼓励企业通过兼并、收购规模较小的牛奶厂，打造国内乳业"龙头"企业。中国的乳业双雄——伊利实业集团股份有限公司（后文简称"伊利"）与其主要竞争对手蒙牛奶业（集团）股份有限公司（后文简称"蒙牛"），均位于呼和浩特郊区，呼和浩特也被誉为中国的"乳都"。这些大企业资本雄厚（有充足的政府投资和外国投资），具有规模经济效益并享有政府扶持政策，占据了中国牛奶市场的大部分份额。换言之，随着牛奶的大量涌入，中国人的饮食方式快速发生改变；与此同时，内蒙古开启了牛奶工业化生产，为中国发展成为全球经济强国，推进国家现代化进程发挥了重要作用（Fuller 2002；Fuller, Beghin and Rozelle 2007）。

食品的本地化成就了食品的全球化，本地人将适应和消费国外进口食品作为一种身份的象征，彰显自己的现代品位，同时强化他们的本地价值观和社会规范。在民族志研究文集《金拱向东：麦当劳在东亚》（*Golden Arches East: McDonald's in East Asia*）中，吴燕和教授的《麦当劳在台北》一文就是一个例子（Wu 1997）。吴教授通过民族志研究方法进行了积极深入的调查，他发现，有一个孩子的祖母每天都会在同一时间光顾同一家麦当劳快餐店，然而她去店里用餐，并不是为了享用麦当劳的标准化食物，而是为了享受和孙子一起吃饭的社交空间。换言之，是麦当劳作为桥梁，维系了这位老人与儿子家人的关系，因而增强了本地的价值观和社会规范。本书旨在探讨食物的全球化与相互融合。长久以来，人类学家、科学家和食物史学者都围绕食物的全球化、健康性和中国现代化之间的相互关系展开相关研究。然而，研究牛奶消费的学者们往往倾向于将牛奶的消费与现代化和个体身体健康联系起来，缺乏批判性。根据这些学者的研究，中国人喝牛奶只是为了增加身高，赶超想象中的发达国家国力。[5]

不过，中国人将消费牛奶视为"西式和现代生活方式的象征"这一假设也存在实证性和分析性问题。在对中国牛奶消费的民族志调研过程中，我获得了更为复杂和微妙的发现。我发现"相互融合"这一概念能够较好地阐释中国本土食品与进口牛奶之间的相互作用。"融合"这一概念过去主要被用于宗教变革的研究中。巴尼特（Barnett，1953，49）将"融合"

定义为"外来形式与本土形式之间的相互妥协……求同存异、融为一体……融合就是不同事物相互合并或混合"。希拉·科斯明斯基（Sheila Cosminsky 1975）运用"融合"这一概念阐释了生活在危地马拉（Guatemala）高地基切族土著医学和西方医学之间的相互影响。她发现，基切人以"营养食品"（*alimento*）和"新鲜食品"（*fresco*）两种新概念将现代营养学与医学结合在一起，但他们对医学和营养学的概念既非完全传统，也非完全现代，而是将传统与现代的元素融合为一体。本书将探讨牛奶如何在形式上是"外国"的，但却融入了"中国"的价值观，如中国人认为配方奶粉能够增强儿童的认知能力，提高学习成绩，这是基于中国传统价值观家长对孩子的道德义务体现。换言之，牛奶将中国的传统价值观与"现代"生活融为一体。

基于以上认识，本书探讨了中国人在食用本地的西式牛奶以及彻底改造传统乳制品的过程中，如何一方面承担了自己的社会角色，另一方面又强化了本地价值观和社会规范。本书将解决以下相关问题：（彻底改造的）"传统"与"现代"消费行为、生产技术和健康信念与各类乳制品（如顺德的新鲜水牛奶、牛乳、双皮奶和香港的奶茶）之间存在怎样的关系？形成这一系列转变的历史、社会经济条件和政策是什么？在中国，人们食用进口牛奶，不仅因为外国的营养科学强调牛奶富含蛋白质和钙，还因为中医强调牛奶具有滋补的功效。更重要的是，购买昂贵进口配方奶粉的行为，使买得起进口奶粉的人与那些买不起的"另一部分人"之间竖立起了一道社会屏障。

## 牛奶与批判医学人类学

只有当潜在消费者，尤其是婴儿的母亲这一群体，确实对牛奶存有需求或者确信牛奶对身体有益，牛奶生产的工业化以及全球扩张才有可能刺激消费量的增长。面对母乳喂养、配方奶喂养和混合喂养等多种喂养方式，母亲们究竟应该如何选择？母亲们又该如何决定，孩子们长大后是否应该继续食用牛奶？

如何喂养婴儿，[6]这个看似应该是母亲的个人选择问题，现在已经成为世界卫生组织（WHO）和联合国儿童基金会（UNICEF）最关注的问题之一。这两个组织提倡母乳喂养,是因为这种方式能够降低婴儿因腹泻和肺炎而导致死亡的概率,从而有利于节约社会医疗成本。母乳喂养有助于降低母亲卵巢癌和乳腺癌的患病率(WHO,2019a)。在许多现代社会中,就婴儿的喂养方式而言,母亲的选择在很大程度上受其强烈愿望的驱动,她们既想做一名好母亲,又不愿耽误自己的事业,还要过体面的个人生活;既希望身体健康,又想要"符合哺乳要求"。她们做决定时,首先会理性地评估特定喂养方式可能会给自己和孩子带来的潜在社会风险、健康风险以及益处。[7]目前关于母乳喂养还是配方奶喂养的文献主要研究的是"密集母职"(intensive mothering)①的育儿观以及这种观念对母亲是否决定采用母乳喂养方式的影响。"以孩子为

---

① "密集母职"是莎伦·海斯(Sharon Hays)基于北美社会提出的一个社会学概念,它主要针对的是美国社会自20世纪80年代以来为中产阶级建构出的一整套有关"现代母职"的话语。其核心要义在于视母亲为孩子"最理想的照料者";认为母亲应以孩子身心发展利益最大化为目标,甚至放弃自己的发展。具体而言,"密集母职"要求母亲全天候不间断地照料孩子、以饱满的情绪提供高质量的陪伴、为孩子人生的每一个阶段负责,即在时间、情感和责任三方面进行"密集投入"。——编者注

中心"才是成功育儿（Lee 2008）和规避风险（Furedi 2002）的关键。"好妈妈"是"风险管理者"，全权负责满足孩子的需求，采取措施尽量减少食物以及与喂养相关的消费品对孩子造成的潜在风险（Afflerback et al. 2013；Avishai 2007；Furedi 2002；Hays 1996；Lee 2007，2008；Murphy 2000；Stearns 2009）。密集母职突出的表现之一就是"亲密育儿法"（Eyer 1992；Kukla 2005），这一理念提倡通过母乳喂养、背或抱宝宝、与宝宝同睡等方式，促进母亲与婴儿建立亲密关系，并及时回应宝宝的需求。密集母职育儿观可能是受过良好教育的上流阶层白人女性选择母乳喂养比率相对较高的一个原因，因为她们更了解母乳喂养的健康知识（Andres，Clancy，and Katz 1980；Nutt 1979）。

然而，中国父母掀起的"牛奶狂潮"，似乎与美国社会倡导的"母乳最好"的趋势背道而驰，这不禁让许多公共卫生政策制定者感到震惊。显然，母乳喂养的浪潮并未出现在内地和香港。与其他发达国家和地区相比，香港的母乳喂养率最低（Callen and Pinelli 2004；Chan et al. 2000；Foo et al. 2005）。2012年，香港接受母乳喂养并且持续到6个月大的婴儿仅有2.3%，是全球母乳喂养率最低的地区之一（Government of Hong Kong SAR 2017a）。同样，2008年至2013年间，内地的纯母乳喂养率也大幅下降，从27.6%降至20.8%。内地和香港的母乳喂养率如此之低，难道是因为母亲们没有充分意识到母乳喂养的好处吗？倾向于使用配方奶粉的母亲们，难道真的如某些哺乳专家所言，是为了更加自由，为了重返工作岗位，而宁愿放弃与宝宝亲密相处的机会吗（Chan 2018）？或者从更宏观的角度说，被认为与母乳喂养或健康理念息息相关的密集母职育儿观，难道不适用于中国人？我们不禁还要问，母亲们担心的是什么呢？中国父母在世界各地采购奶粉，掀起牛奶狂潮，这一现象背后存在什么隐情吗？如果说文化人类学家的任务是解释隐藏在问题行为背后的逻辑，那么民族志研究又如何能够解释表面上看起来可能"疯狂"的现象呢？例如，明明可以采用免费的母乳喂养方式，为何会不惜每月花费一半甚至以上的工资去购买外国品牌配方奶粉（Waldmeir 2013）？这些家长们的狂热心理是在怎样的经验背景之下形成的？

围绕这些问题，本书不仅探讨了与牛奶相关的政策与经济，还介绍了内地和香港在重大历史变革背景下的育儿观和健康管理理念。夏洛特·比尔泰科夫（Charlotte Biltekoff）博士在对美国饮食疾病的研究中指出，有些类型的饮食疾病，如"隐性饥饿"其实是由文化建构出来的，这反映了二战期间营养不良和社会焦虑相交织的情况（2013）。在内地和香港，人们把幼儿的营养摄入与其未来的竞争力紧密联系起来，因此人们对这方面问题的关注度也越来越高。1997年香港回归，内地实行了一系列经济改革，社会和政策发生了巨大变化，深深影响了母亲对孩子的身体和智力发展的认识。香港回归后，人们一度担心本地学校的教学语言从英语转变为普通话、教育的私有化、与从内地来港的新移民竞争资源等问题。在内地，1992年邓小平"南方讲话"以后，中国总体的经济战略重点发生了转变，从依赖廉价劳动力的第二产业转向了依赖知识经济的第三产业（Greenhalgh 2011，1）。关宜馨还指出，中国的独生子女政策对人们的育儿理念产生了（并将持续产生）影响和改变。中华人民共和国成立后，面临人口多、经济落后的问题，为了尽快走上现代化道路，国家实施了独生子女政策，控制人口增长速度（2015，7）。改革开放后，中国为了实现现代化目标，把中国建设成为世界强国，推行"素质教育"改革，并发挥了重要作用。

虽然香港没有实行素质教育改革，但受过良好教育的中产阶级家长同样也在竭力寻找"科学"的育儿方法和技术，为孩子补充营养，期望把孩子培养得既聪明智慧又身强力壮。香港建设"智慧城市"的新规划强调发展知识经济，因此香港的父母会让孩子参加各种培训，让孩子们更聪明、学习更好、更有创造力（Government of Hong Kong SAR 2018）。然而，无论是内地还是香港，以考试为中心的教育体系根深蒂固。过去的10年里，在这种教育体系下，为了成功，从幼儿园开始，家长们就开始相互竞争，而且愈演愈烈。

本书还尝试探索食物与医疗之间的关系。我采访过的一些中产阶级母亲，由于母乳不足，常常被贴上"母乳不足症"的标签。然而，这一标签却掩盖了一个事实，那就是母亲们承受的巨大压力，她们一边要辅导孩子学习取得学业上的成功，还要兼顾自己的事业。在谈到内地的情况时，阎云翔教授指出，成功对个人来说"至关重要……（只有成功）才能获得个人尊严，赢得社会尊重"（2013，271）。尽管内地和香港的许多中产阶级家长都自认为思想自由开放，并不赞同广为流行的"你一定不希望（你的孩子）输在起跑线上"的观念，但他们也会煞费苦心地为子女寻找最好的幼儿园、学校，以确保在现有教育体系和社会日益分层的背景下，以及中产阶级的下行压力不断加剧的情况下，能够充分发掘孩子们的潜力。然而《南华早报》报道称，"（中国）香港的孩子虽然都被培养得优秀出色，但是并不快乐，专家们表示这不得不令人担忧"（Ng 2017）。那么，在充分发挥孩子潜能方面，家长们究竟应该采取哪些应对策略？

现代社会要求母亲不仅能够养育孩子，将孩子培养得学业有成、身体健康，还要在产假结束复工时保持身材苗条纤细。幸好有了配方奶粉的出现，为如此矛盾的、对母亲的社会期望提供了理想的解决方法（Shih 2016）。配方奶粉罐上的化学元素符号和四方帽①，一方面是为了阐明产品的健康性及社会效益，

---

① 大学生或研究生毕业所佩戴的学位帽。

另一方面也是在警告家长，如果不购买此产品可能会承担的潜在风险。例如，全球领先的配方奶粉公司美赞臣为中国市场定制了一系列配方奶粉，这些奶粉的标签上标着一个大大的字母"A+"，极其醒目，它不仅代表了该品牌的商标，同时也是优秀学业成绩的象征，寓意吉祥——在中国各地，学业有成是大多数孩子需要承担的社会和道德义务（Tao and Hong 2013）。这个寓意吉祥的符号与大脑的形状、三维分子图的图标以及奶粉的商标名称"DHA Brainergy 360"均有相似之处，那些有文化的中产阶级又怎么可能不明白配方奶粉中添加的DHA、ARA、胆碱等成分的意义呢，这些成分有助于婴幼儿的认知发展，尤其是对生长发育的4个重要方面（智力、运动、情绪和语言）尤为有益。奶粉产品电视广告都会凸显这些元素，生产商也会把这些成分整齐地标注在包装上。虽然竞争文化最初是由教育机构推动的，初衷是为了促使学前教育的正规化，但乳品公司却从中发现了一个契机，在家长心中种下了一粒种子，让他们相信，每天让孩子喝奶粉——最好母乳喂养三个月后就开始，就能提高孩子的认知发展能力。这也验证了法国哲学家福柯和社会学家布尔迪厄（Bourdieu）的观点：内化行为（Foucault 1977），即我们的行为方式，是区分你我不同的标志（Bourdieu 1984）。

因此，本书尝试将与牛奶消费相关的两种现代疾病"去医学化"，这两种疾病分别是影响母亲的"母乳不足症"和影响儿童的"挑食症"。我采用了批判医学人类学方法进行分析，认为内地和香港的这两种疾病是由于两地特殊的经济和政策环境造成的，反映了背后存在的社会问题。美国著名医学人类学家梅里尔·辛格（Merrill Singer）指出，过去的50年里，许多研究生态的医学人类学家，从适应论角度将"健康和疾病……（作为）衡量人类适应环境的有效性标准"（Lieban 1973，10）。然而，恩格斯（Frederick Engels）通过研究19世纪曼彻斯特工人阶级发现，他们中存在的"滥用酒精"、严重酗酒问题是由社会结构性因素造成的，即普遍存在的阶级关系以及由此导致的恶劣生活和工作条件造成的，而不是对这些条件的适应过程引起的（1958）。同样，辛格通过对波多黎各男性酒精中毒发生率高的问题开展研究后发现，存在严重酗酒问题的人主要是失业男性，这些人集中生活在高密度、低收入、位于市中心的社区出租屋中。因此，酒精中毒发生率高的现象反映的并非疾病发生率高的问题，而是失业率高这一社会问题，由于失业，他们也失去他人的尊重、自我尊严和男性身份。酗酒成了男人们逃避现实、应对无聊生活的一种方式（Singer and Baer 1995，322）。如辛格所说，适应论的缺点在于，这种理解是建立在假设本地群体在本地环境中具有自主性、自我调节性和有界性的基础之上，往往忽略了"独立案例之外的因素"（Wolf 1982，17），特别是忽略了资本主义的渗透和劳动关系的重组、知识、消费、生活方式和常住地等因素（Singer 1990，30：180）。因此，如果把疾病的发生率作为人们对环境适应情况的衡量标准，那么我们很容易落入"责备受害者"的陷阱——如果把健康和疾病的责任转移到个人身上，有可能会产生"责备受害者"的思想。

在《牛奶狂潮》一书中，我将从具有塑造人际关系、影响社会行为、产生社会意义和决定集体体验的政策和经济因素的角度分析中国的食品消费、患病情况和结构性问题；着力探讨了政策和经济因素包括权力的行使，对健康、患病情况和医疗保健方面的重要影响。不过，内地和香港的母亲们并不会盲目地被乳品公司编造出来的故事所左右。虽然我所认识的母亲们对于"既要做个好妈妈，又要兼顾事业的境地"确实倍感压力，但她们不仅知道也能意识到自己必须面对的文化背景以及所面临的各种矛盾。内地和香港的中产阶级母亲都能充分认识到母乳喂养的好处，于是陷入了究竟应该平衡母乳喂养与工作之间的关系，还是应该用配方奶粉替代母乳的两难境地。这些母亲们也会担心购买进口配方奶粉的费用过高，也会怀疑这些营养丰富的高价奶粉是否真的能够提高孩子的认知能力。通过民族志的研究方法，我研究了中国人日常生活中对牛奶的消费情况以及所创造的牛奶文化，探讨了如何将微观层面的问题嵌入宏观层面的问题中，以及如何通过宏观层面的问题体现微观层面的问题。因此，我的研究立足于中国特色社会主义下的社会阶层和资本主义世界体系背景下的健康问题（Baer 1982，1）。

本书从牛奶消费的视角分析了当代日常生活中人们充满矛盾的道德体验。医学博士凯博文（Arthur

Kleinman）解释道，道德经验是一个地方社会世界里行动者最重要的经验（2006）。日常生活中，我们总是有得有失，如地位、金钱、生存机会、健康、好运、工作或人际关系。生活的这一特点即是经验的"道德模式"。道德经验是日常生活和实际行为的体现，是大多数普通人最重要的经验（Kleinman 2006）。食物体系的存在，食品和制药公司拥有的知识生产和权力，国家和地方政府大力提倡现代化和国际化的建设以及劳动力市场存在的不平等现象，在这一系列情况的影响之下，同时生活经验不会被简化为大规模历史过程的条件下，是否还有将人类能动性和道德经验理论化的空间？面对这样的形势，行动者还有什么能力去思考和应对？宏观层面的政策与普通人日常食物选择的微观体验之间有什么联系？利用民族志的研究方法，对内地和香港牛奶消费情况进行研究后，以上问题的答案便可知一二。

## 中国牛奶发展历程

本书以"牛奶狂潮"现象开篇，是因为这种现象代表了改革开放以及香港回归后，客观政策认知和健康管理之间存在的一个主要冲突点，即"好妈妈"为了一罐来自外国的奶粉在全球范围内展开了你争我夺的较量。提及这个故事，我并无赞扬或指责乳品公司、现代社会机构或政府之意，而是想借此指出因牛奶引发的严重问题。人们认为有益的食物，便为之赋予价值。为了理解人们如何对牛奶赋予价值，我们需要结合牛奶生产和消费两方面的情况来说明。

本书前三章着重介绍了回归前的香港和现代化建设过程中的内地现代工业化牛奶生产和消费激增的情况，并与顺德本地的特色牛乳减产情况进行了对比。"牛奶形势"发生的变化，即牛奶生产、消费及其所代表的文化形势变化，是每个地区现代化建设与以利益为驱动的中国乳业之间相互作用的结果。

第四章和第五章着重探讨香港人和顺德人因为牛奶消费而面临的现代社会风险、政策风险和环境风险，以及人们在应对这些风险时，健康管理和美好愿望之间的内在联系。这两章阐述了人们对母乳喂养和奶粉喂养的不同观点：来自中国东南部不同社会阶层的父母认为，使用配方奶粉喂养孩子不仅表达了他们对孩子的爱，也履行了他们作为职员、父母和公民的义务，从而将母乳喂养的母亲视为"不文明的另类"；如果孩子存在挑食、注意力不集中、学业成绩差的问题，这些孩子的父母就会被看作是"失败者"。本书结论部分指出了这项研究的重要意义——我们需要重新思考内地改革开放以后及香港回归以后健康管理、饮食健康和营养科学的意义所在。

## 研究内容

我的观点基于对中国东南部进行民族志研究时收集的数据分析，以及对电视、报纸、书籍、社交媒体广告及医院宣传手册中丰富多样的营销和公共卫生资料的分析。为了理解不同政策和文化背景下，人们日常生活中牛奶消费的行为和意义，我们需要将重心从全局移向局部。

我在广东顺德和香港两地进行了实地调查，了解了中国社会区域差异和社会阶层分化对牛奶消费的影响。我首先考察了广东顺德的情况。顺德位于珠江三角洲平原中部，是广东省佛山市的一个行政辖区，北邻广州，南面与香港和澳门都相距不远。顺德自古就有养水牛的习俗，也是本地水牛奶之乡：最早定居顺德的民族被称为"越人"，从距今2000多年前的春秋时期就来到这里居住活动。顺德大良的一位著名食物历史学家称，根据《楚辞》的记载，将水牛奶作为食材以及吃的传统始于古代越人（Liao 2009，7）。

我于2009年夏天首次来到大良金榜村进行初步调研，之后往返多次。2010年秋天到2011年夏天，我在村里生活了9个月，之后又于2016年夏天和2017年夏天再次来到村里进行调研。2011年时，我住在一所中等学校校园内的教师宿舍里。在这里做研究具有天时、地利、人和之便。首先，这里距离以手工制作牛乳而闻名的金榜村很近，步行15分钟即达。学校周围有小吃摊、食堂、篮球场和操场，学生们放学了就会到这些地方消遣、社交。对于我而言，在这里我有很多机会与那些购买和消费乳制品（包括冰激凌）的学生交流互动。除了观察学生们的行为，我还组织了小组讨论，与80多名学生访谈，采访了10名教师，并与教师、教员、行政人员和其他工作人员进行了多次非正式讨论。

我的第二个实地调研目的地是香港。香港回归后实行"一国两制",在这一独特的政治体制下,香港拥有独立的司法制度,言论自由,行动自由。香港位于顺德以南约114.3千米处,驱车约两小时即可到达。有趣的是,虽然香港饲养水牛也有一个多世纪的历史了,但却没有形成本土的水牛奶文化,也未曾听说有哪个贵族阶层偏爱牛奶的情况。顺德素有"广东银行"之美誉,可能是清末中国东南部最繁荣的金融中心;而香港过去只是一个不知名的小岛,人们主要以捕鱼、耕种和采石为生(Smith 1995)。香港虽然没有本土水牛奶传统文化,但可能是最早从海外进口奶牛的地方之一。1841年香港开始受英国殖民统治,不到40年,即1880年,英国兽医约翰·肯尼迪(John Kennedy)来到香港,并带来香港的第一头奶牛。

香港和顺德虽然地理位置相距不远,但社会制度不同。通过对两地的对比,我将探讨社会政策因素对饮食变化的影响。具体来说,本书将解决以下地缘问题:受殖民统治是否对饮食变化产生了重大影响?内地和香港政策不同,如媒体管理政策、人口政策和教育体系等都有差别。这些政策对两地人民在食物、健康和身体管理方面的认识有什么影响?是否存在影响母亲选择婴儿喂养方式的不同因素?这些因素与两地的母亲在日常生活中面临的不同挑战有何关系?

为了了解顺德食物体系中传统水牛奶发生的转变以及外国牛奶的使用情况,我采访了金榜社区的6位牛乳手艺人和两位水牛养殖户,顺德的8位厨师和三位主厨,中国香港的两位厨师,这两位厨师培养了许多年轻学徒,学习中西烹饪技术。此外,作为民族志研究的一部分,我还采访了一些医生、营养学家、食物史研究者、烹饪老师和厨师协会会员,以了解文化和社会对科学事实建构的影响。我一共采访了来自60个家庭大约100名乳制品消费者,并与乳制品生产者及消费者进行了多次非正式交谈。我还在中式茶馆、西餐厅、儿童游乐场、传统的菜市场、现代超市里与具有不同社会经济背景的人访谈。我在进行田野调研过程中发现,作为一个一岁男孩的母亲,我有很多优势。例如,我所采访的许多人本身都是母亲,很愿意与我分享她们的个人感受和体验,因为她们相信我能感同身受。我的儿子虽然精力充沛,但颇为瘦削,她们还给我提供了许多关于喂养和照顾孩子的好方法。

我写本书的目的,旨在分析膳食健康知识的形成和理想身体的管理情况，并非对饮食提出建议，读者无须因此改变自己消费牛奶的习惯。不过，我确实期望人们能在认识上对饮食的意义有所改变。如本章开头提到的，那些对牛奶精挑细选、评估鉴定、最终决定购买的人，期待的并不仅仅是改善健康。在他们眼里，食用牛奶或为婴儿、孩子购买"合适"的奶粉是实现各种社会目标的一种方式，并非单纯为了改善自己或家人的健康。虽然购买牛奶是每家每户为了自己或家人的健康所做的个人选择，但我希望我所做的这项研究，能够引发人们的思考和反思，把食物消费、饮食健康和身体管理作为一项社会责任、一种道德判断行为以及一种值得批判分析的有力形式。

研究中我采用了案例研究方法和民族志观察法收集资料，同时，为了深入了解个人及其家庭的具体情况，我对顺德和香港的研究样本进行了数量控制。由于采用了这种定性的研究方法，我并不希望以偏概全，我的研究案例并不能代表中国所有城市中产阶级家庭的情况。虽然我经常举一些具有代表性的例子，但我认为，无论从理论的角度还是哲学的角度，对具体问题进行具体研究都具有重要意义。

# 第一章

中国古代牛奶、身体概念和社会阶层

鲜蠵甘鸡，和楚酪只。
醢豚苦狗，脍苴蓴只。
吴酸蒿蒌，不沾薄只。
魂兮归徕！恣所择只。

——《楚辞·大招》

对人类消费牛奶和牛奶情况变化的研究，通常与群体遗传变异的生物学观点紧密相连，之所以存在群体遗传变异可能与历史生存模式的差异性有关（Wiley 2014）。虽然中国古代的文献中已经有了关于牛奶的记载，如贾思勰的《齐民要术》，但是关于牛奶消费情况的研究却很少（Sabban 2011；Wiley 2014）；即使有的研究中提到了牛奶消费，通常也只是将这种行为解释为受到了生活在中国边缘的外国人的影响（Bray 1984；Elvin 1982；Sabban 2011；另见Schafer 1977，105）。汉学家弗朗索瓦丝·萨班（Françoise Sabban）说过，30年前，汉学家们从未考虑过探讨牛奶消费这个话题（2011）。学者们甚至推定，牛奶"不符合大多数中国人的口味"（Bray 1984）。

本章开篇，我引用了中国南方的一首优美诗歌《大招》，由屈原所作。①屈原是一位爱国诗人，也是战国时期楚国的大臣。屈原在诗歌中这样描写人间"天赐"的美食："鲜蠵甘鸡，和楚酪只。"[1]这样的美食就连鬼魂都禁不住诱惑，要返回俗世大快朵颐。如这首古老的诗歌所示，中国自古以来，南方就产牛奶，同时也有食用牛奶的情况。本部分将讨论以下几个问题：中国古代是如何生产和消费本土牛奶的？如果说中国自古以来就有营养疗法的传统（Anderson 2000），那么是怎样的中国传统医学影响了人们消费牛奶的方式？此外，本地牛奶文化的形成受到了哪些政治、经济和社会因素的影响？

针对以上问题，我将在本章中讨论：首先，中国古代存在哪些主要的牛奶类型。其次，通过比较和对比

---

① 亦有作者为景差一说，参见洪兴祖撰，白化文、许德楠、李如鸾、方进点校：《楚辞补注》，中华书局1983年版，第216页。——编者注

中国古代、古希腊和古印度的传统医疗体系，探讨健康理念对以上各国牛奶消费习惯的影响。第三，我将以顺德本土水牛牛乳和乳制品为例，阐述中国东南部丰富的牛奶文化，并分析形成这种牛奶文化的因素。本章结尾部分，我将展开讨论生物和生态因素以及全球经济力量（如20世纪初的跨国丝绸和纸张市场）、技术力量（如农业模式的改变）和社会力量（如中国商人阶层的崛起）对顺德本地牛乳文化的种种影响。这些力量和因素相互交织、相互作用，持续对本土牛奶生产和顺德上流阶层的牛奶消费产生影响。

## 中国古代牛奶概览

历史学家黄兴宗、薛爱华（Edward Hetzel Schafer）和迈克尔·弗里曼（Michael Freeman）是为数不多的、在中国古代牛奶消费研究方面作出重大贡献的学者。这几位学者均证实了中国在生产、消费和发酵牛奶方面具有悠久的历史（Freeman 1977；Huang 2000；Schafer 1977）。黄兴宗对中国古代文献进行仔细研究之后指出，至少自西汉时期以来，牛奶就被作为一味中药为人们所使用，并且由历代医家陆续汇集的《名医别录》问世以来，牛奶作为中药就被列入了所有标准药典（Cooper and Sivin 1973，227—234）。黄兴宗在其关于中国古代发酵与食品科学的著作中，分析了中国北部和中部所食用的主要乳制品品类，并作了如下总结（Huang 2002）：

### 酪

这种经过发酵的牛奶饮料其实就是一种酸奶。自汉朝至元朝末期，酪作为一种饮料在中国北方统治阶级的饮食中具有重要意义（Huang 2000，250—253）。公元2世纪早期的一部探求事物名源的著作《释名》指出："酪，泽也。乳作汁，所以使人肥泽也。"酪有多种形式，如漉酪、干酪、甜酪和酸酪。

### 酥

酥与黄油相似，可用牛奶、牦牛奶、水牛奶或羊奶制成。用牦牛奶制成的酥最上乘也最珍贵；用牛奶制成的酥优于用羊奶制成的酥。酥被广泛用于酥团、蛋糕和糕点的制作中。

### 醍醐

薛爱华指出,醍醐很像澄清后的黄油,将酥加热熬煮过滤后静置凝固,浮在上面的少量清黄油就是醍醐(Schafer 1977,106)。醍醐可口珍贵,尤其适宜制作蛋糕。5千克优质酥只能做出3—4升醍醐。

### 乳腐和乳团

根据中国食品文献记载,乳腐,又名乳饼和乳团,分别是唐朝和元朝时期的两种凝乳产品。乳腐是在牛奶中加醋凝固而成,而乳团是由牛奶中自然形成的乳酸凝固而成。

### 乳酒

乳酒又称马奶酒(*kumiss*),是用马奶发酵制成的酒。[2] 汉朝时,乳酒是一种重要饮品,朝廷甚至专设"挏马官",负责生产马奶酒(Bielenstein 1980,34)。历史学家迈克尔·弗里曼指出,宋朝皇帝曾设立了一个专门负责制作马奶酒的机构。马奶酒是一些餐馆的特供饮品,经常出现在高端宴会食品的清单中。因此,马奶酒"在宋代是一种身份地位的象征"

（Freeman 1977，156）。史景迁（Jonathan Spence）还指出，牛奶是清朝皇室集中采购的物品之一。"内务府茶膳房是各个机构组成的一个网络，可以提供肉、乳茶、饽饽、酒、腌肉、新鲜蔬菜"[①]（Spence 1977，281）。

## 牛奶与传统健康理念

中国古代文献中都提到牛奶有益健康，具有治疗疾病的功效。由此可见，过去人们主要将牛奶作为一味药物用于治疗，而非作为日常食品。

中国人的宇宙观认为，个人生活的方方面面都会影响其健康状况；个体和社会的健康理念是：各方面都要达到平衡、和谐和完整。传统中医学认为人类的健康受宇宙或环境力量的影响，例如构成中国古代思想基础的阴阳五行说（Porkert 1974）和六气（大气影响或"能量配置"）——风、寒、暑、湿、燥、

---

① 中译文参见张光直主编：《中国文化中的饮食》，王冲译，广西师范大学出版社2023年版，第254页。——编者注

火，这也是《黄帝内经》中关于5种大气运转对人体健康影响的概念（Leung 2009）。[3] 六气后来也被称为"六气逆乱"或"外感病因"（六淫）。如果一个人的"气"或"元气"不平衡便会出现这些症状。医学人类学家凯博文根据对中国社会几十年的研究发现，普通人在日常生活中也热衷于探讨"气"的理念。只有五脏六腑相互平衡，五运六气都和谐，身体才能保持一种动态平衡，也就是说，无论周围环境发生怎样的变化和波动，身体都能很好地适应（Kleinman 1976）。

饮食中的食物有"寒、热"之别，与气候因素和个人性情相互作用，也会影响健康。身体、食物和药物都具有"热"或"寒"的属性（并非指温度的冷热，而是指可感知的内在属性）。每个人的饮食中都包含这些不同属性的食物，只有这些食物的摄取量相互达到平衡，才能维持身体的正常机能。如果身体对有寒热属性的食物摄取情况出现失衡，就会引发疾病，产生特定反应，如头痛、消化不良、皮疹、咽喉痛、食欲不振，如果是婴儿，则会引起吐奶（如Tan and Wheeler 1983）。

从理论上说，维系健康需要人们有意识地、持续地平衡身体各方面的基础，也就是说，需要注意每天食物的摄取情况。由于每个人在遗传特征、出生环境、性别、生命阶段和生活季节上都存在差异，因此每个人的身体基础都不同，从而保持平衡的状态也不同。饮食、药物、汤药和环境都会对身体的平衡产生影响。儿童的身体基础状态通常比成年人"更热"，不如成年人稳定，因此他们更容易患上"热性"疾病（Tan and Wheeler 1983）。此外，与女性相比，男性的身体基础通常"较热"，对周围条件的变化适应能力更强。

中国人认为用动物乳汁制成的各种乳制品具有治疗功效，因此自古就有消费乳制品的习惯，而且历史悠久。对于不同哺乳动物（如水牛、奶牛、牦牛、绵羊、山羊、驴、马、狗和猪）的乳汁能够治疗的疾病也有明确说明。根据明代李时珍的《本草纲目》等古文献的记载，牛奶有益健康，可入药。[4]不同的动物乳汁，根据个人健康状况，服用的方式和次数均不同。例如，牛奶宜温热而饮。这是因为根据中医理论，热牛奶"性温"，而凉牛奶"性微寒"

[Li（1578）2003］。婴儿通常身体"较热"，适宜饮用猪奶，猪奶"性凉"，功效仅次于母乳。当儿童身体非常"热"时，将驴奶和猪奶混合加热服用能够有效地降热［Li（1578）2003，24：50］。存在吐奶问题的婴儿或儿童可服用加入葱、姜并煮沸的牛奶。山羊奶营养价值高，具有补益肾脏的功效，被普遍视为一种健康的饮品。"温热"的山羊奶具有驱寒暖胃、增强体质的作用，对于疲劳过度和压力过大的人而言是最佳选择。山羊奶可养心肺，治消渴，滋阴补肾，润小肠。

正因为这些传统的中医理念，乳制品（如中国古代的酪、酥、醍醐和乳腐）不仅因其味美受到欢迎，同时也因其重要的医疗功效受到重视。例如，用牛奶制成的酥"性凉"，最适合用于体"热"之人，但羊奶酥"性温"，功效正好相反，适合生病或体"寒"之人。此外，用牛奶制成的酥"性微寒"，具有滋养器官、帮助消化、治疗溃疡和咳嗽以及增加头发光泽的功效。将酥融化并过滤后，可用作医疗软膏。用牦牛奶制成的酥非常珍贵，不仅味道醇美，而且具有"不寒不热"的属性，有较强的医疗功效，能够治疗风湿病，融化成软膏可缓解蜜蜂蜇伤的疼痛。最后，醍醐能够强健骨骼、通润骨髓，促进延年益寿［Li（1578）2003，50：91—92］。

基于"寒热"原理对食物和身体进行分类并非中国特有。大量研究表明，世界各地有许多基于能够影响食物和健康理念的体液原则来判定身体寒热的理论体系（如Greenwood 1981；Messer 1981；and Tan and Wheeler 1983）。据说欧洲、"新世界"[1]和中东地区的理论体系源自古希腊的盖仑派医学（Galenic）体系；而相似的理论体系显然也存在于印度和南亚大部分地区、东南亚以及除中国以外的远东地区（Messer 1981）。虽然就全世界采用的理论体系而言，宏观的结构原则可能相差不大，但是不同文化之间，甚至相同文化之中，具体细节和实践仍然存在明显差异（Greenwood 1981；Tan and Wheeler 1983）。例如，在正规的生命吠陀（Ayurvedic，"长生之术"，

---

[1] 指南北美洲。——编者注

印度传统医学体系）体系①和中国的中医体系中，常用"寒热"表示道德、社会和仪式的情况以及食物和药物的特性（Harbottle 2000）。然而，在民间层面，理论体系相对零散，还有可能与其他食物和健康理念（既有传统的也有现代的）交织在一起。在摩洛哥，盖伦派医学的体液体系要素已经与当今多元化的伊斯兰医学相结合，人们根据个人的知识和经验，对食品进行分类，体现了同文化内人群之间存在的广泛差异（Greenwood 1981）。此外，日本所流行的健康理念中，只保留了中国"寒热"理论体系的一部分内容，如各种食物的"气"不同，如果同食（食い合わせ）就会导致食物中毒，例如蘑菇和菠菜不能同食（Lock 1980，97）。

中国古代的医学理念、乳制品分类和乳制品消费模式与古代欧洲和印度有一定相似之处，但也存在一些显著差异。在古代欧洲，人们认为乳汁是血液经过

---

① 生命吠陀涉及人体的4个部分，即身体、思想、智慧和灵魂，通过饮食、医疗和养生的方法，使人得以长寿，免受疾病侵袭。——编者注

"两次转化"形成的，而血液是负责调节身体的主要体液之一（Valenze 2011，59—60）。古希腊佩加蒙的内科医生盖仑（Galen）提出了"四体液说"理论，成为几个世纪以来欧洲医学的基础，也是古代人对食物认识的基本结构。根据盖仑的理论，人有4种体液，可以呈现出不同组合，体液情况能够通过其他物质（如食物或人体）预测。根据这4种体液，每个人都有4种"气质"：多血质（blood，湿热）、黏液质（phlegm，寒湿）、胆汁质（choler，干热）和抑郁质（melancholy，寒干），只不过这些"气质"所占比例因人而异。盖仑的理论进一步认为，人类和食物也可以按"气质"进行区分。例如，一个人可能属于干热"气质"，也可能是湿寒"气质"。大麦汤属于寒湿食物，而成熟的草莓则是寒干食物（Davidson 1999；Grant 2000）。

与中国对牛奶的寒热分类体系相似，在盖仑的分类体系中，牛奶属于"性寒"之物，因为其"热"在获取过程中已经消散了。究竟多大程度的湿寒"气质"才能对身体有益，主要取决于个人摄取的食物。然而，中国的理念认为，凉性的食物可以调和体

"热",但是盖仑的理论认为,凉性食物可以平衡身体的"寒",尤其是孩子和老人的身体——他们比青壮年体寒,因此,对于孩子和老年人而言,性寒的牛奶尤具营养。牛奶能够与本就体寒的身体系统协调一致,有助于增肌造血。但是,如果青壮年食用牛奶,黏稠的液体很有可能会在消化过程中变质,散发腐臭气并传向大脑;而不能消化的粉状沉淀物被残留在肾脏中,引发肾脏堵塞。生病之人食用牛奶最危险:体弱、体虚、心情忧郁、患有头痛或身体疼痛者不宜食用牛奶(Valenze 2011)。

印度的理念与中国和希腊相似,将牛奶归为"寒性"之物。印度的生命吠陀医学观点植根于在亚洲占主导地位的体液医学理念,深深地影响了南亚人民对牛奶和健康的看法。生命吠陀医学观点认为,人的身体中有三种半流体的"生命能量"(*dosas*,源自单词doshas,字面意思是"缺陷")或三种体液:气(*vata*),主要存在于大肠中,参与呼吸过程;胆汁(*pitta*),存在于肚脐周围,参与消化过程;黏液(*kapha*),存在于胸部,参与结构整合过程(Fields 2001;Meulenbeld and Wujastyk 1987)。三种生命能量

第一章　中国古代牛奶、身体概念和社会阶层

在身体中的强弱因人而异,每种生命能量的相对能量决定了身体的"热"或"寒"。此外,生命能量之间的关系对个体的健康有深远的影响。如果三种生命能量的比例不和谐,某一种过多或过少,都会导致个体心情烦躁(Wiley 2014)。

根据生命吠陀医学最早的基础文献《遮罗迦本集》(*Charaka Samhita*)①中的记载,牛奶的品质最好,而羊奶最差。文献中是这样描述牛奶的:"甘、寒、柔、油、粘、滑、黏、浓、淡、清。"牛奶有益健康,能够恢复活力,增强体力;还有助于提升智力、增加寿命、提升男子气概。牛奶可以作为"长生不老药"(*Rasayana*)用于治疗疾病(Wiley 2014,100)。不过,凉的牛奶(*dhara sita*)会加重人三种"生命能量"体质,因此宜温热后食用(Guha 2006)。水牛奶比牛奶更浓、更甜、更寒。此外,由于水牛奶脂肪含量高,容易引起消化不良,阻碍能量

---

① 该书记录了古印度著名医学家遮罗迦的医学思想及成就,约成书于公元1世纪,有"古印度医学百科全书"之誉。——编者注

在体内的输送，因此适合那些"消化能力强"的人。在印度，由于生命吠陀医学中的体液概念，牛奶显然更受重视，相比而言，牛奶易消化，更适宜儿童食用（Wiley 2014）。

总之，古代社会所处的地理位置虽有不同，但都有食用牛奶的传统，只不过基于各地独特的医疗体系，使用的方法有所不同。中国消费牛奶的文化与欧洲和印度的牛奶文化相似，可以追溯到古代。巧合的是，在古希腊、古印度和中国古代，牛奶都属于药用食品，而非作为饮料或日常食物食用。在这三个古代社会中，牛奶都被视为"寒性"食物。在古印度和中国古代，牛奶需温热后食用，适合幼儿和病人。然而，在古希腊，根据盖仑的体液说，"凉"牛奶更适合"体寒"的儿童，但不适合病人，因为病人"体热"。

若中国自古以来就有生产和消费牛奶的传统，那么他们使用了什么样的烹饪技术，将不同种类的乳汁制成牛奶，不仅适合中国东南部那些乳糖酶不足的人群，而且能够迎合他们的口味，同时有益健康？在下一部分，我将把人类学的视角转向广东顺德，探讨独特的水牛牛乳的制作过程和相关美食的发展情况。由于没有查到任何相关书面记录，我根据顺德人（包括金榜村牛乳手艺人和大良的厨师）的口述，将相关历史记录下来。[5]

## 顺德水牛奶文化

顺德人以博采众长的烹饪技艺见长，美食以鲜、清、嫩、精为特色，尤以水牛奶制品著称，如奶酪、双皮奶、炒牛奶和炸牛奶。我将在本部分中，首先介绍中国东南部最受欢迎的本土水牛乳制品，如牛乳和牛奶布丁。接着，我将阐述这些本土乳制品的生产如何受到西方纸业和丝绸市场的推动；以及在元朝时，这些乳制品经过再创造后如何成为社会的标志。

### 牛乳

牛乳是由顺德本地水牛奶制成的一种奶酪。顺德牛乳，色泽雪白，呈圆形薄片状。牛乳酥脆芳香，通常为盒装或浸在盐水瓶中。这可能是顺德最古老的水牛乳制品，据说从明代起人们就开始食用这种乳制品了。[6]

水牛奶脂肪含量高，因而成了中国东南部和世界许多地区生产优质奶酪和黄油的理想原料。其中最有名的就是意大利的水牛马苏里拉奶酪（mozzarella di bufala），呈浅象牙色、奶油味浓郁、美味可口。此外印度的酥油也享誉世界，主要用于烹饪。这两种乳制品，传统上都是用河水牛的乳汁制成的。而顺德牛乳是由沼泽水牛的乳汁制成的。沼泽水牛（Bubalus bubalis）是驯化水牛的一个亚种。沼泽水牛类似于野生水牛，在中国、日本和东南亚主要被用作稻田里的役畜。沼泽水牛的乳汁较为少见，与奶牛和河水牛相比，该亚种的乳汁产量较低。

在20世纪前的顺德，牛乳常被用作药物，增加营养，降低"体热"。同时也作为一种补品，供富人食用——这一传统一直延续到今天。现在人们煮粥时都会在大米中放入牛乳，增加营养，利于消化，尤其适合老年人、婴儿和幼儿食用。不过，自20世纪末以来，牛乳已成为一种价格实惠的日常食品，在中国茶馆里被广泛使用；作为大米粥的佐餐，也常用于煲汤和烹饪的调味品。虽然牛乳的生产过程属于劳动密集型生产，但在过去的20年里，牛乳的价格一直保持在每瓶17元人民币，未曾改变。

## 丝绸商与水牛乳

中国的香港以及东南部地区也饲养水牛，为什么只有顺德有食用水牛乳的传统？人类学家研究美洲大陆的手工乳酪（Paxson 2010）及意大利北部的高山奶酪（Grasseni 2011）时，强调了"风土"这一重要因素，"风土"是指独特的地方风味，展示了一个地区在农业、环境、社会和饮食等方面的价值观。为了研究顺德牛乳的风土，我在顺德的龙江镇和北滘镇碧江村开展了民族志研究，据说两地是最早制作牛乳的地方。尽管顺德大良镇是中国当今最负盛名的牛乳、牛奶产地，但龙江镇和碧江村在大多数人心中才是生产和消费牛乳历史最悠久的两个地方。

龙江镇位于顺德西北部，清代盛产优质牛乳（*Shunde Longjiang Gazette* 1967）。从生态学角度来说，龙江地理环境优越，沿用传统农业生产方式，为水牛养殖以及水牛奶生产提供了良好的自然条件。与顺德许多地方一样，龙江过去也是一个河流和水道纵横交错的地方。为了保证雨季田地免受洪水侵袭，旱季储水蓄水,自唐朝始,龙江人便开始修筑圩田(亦称围田,"将田围在中间"之意),围堤筑坝(Zhong 1982)。[7]个别农民还会开挖水塘,种植荷花、菱角,养鱼养龟。16世纪时,顺德以及珠江三角洲其他地区的居民开始在鱼塘边种植桑树和茶树,一方面可以增加收入,另一方面也能起到加固河岸的作用。即使遇到大雨,水塘里的水也不会溢出,更不会淹没两岸稻田中的农作物。从经济和环境的角度来看,这种"桑基鱼塘"模式生产效率高——蚕及其排泄物可以作为鱼的食物,而鱼的排泄物又可被用作桑葚的天然肥料(Li and Min 1999)。顺德进入现代化和城市化之前,几乎每个家庭都会饲养至少两头水牛。水牛喜欢泡在水塘中,尤其是在炎热的夏天,水塘边桑树成荫,水牛能在水塘中泡几个小时,悠闲惬意。水牛这种悠闲自得的生活,再加上以丰茂、无污染的青草作为饲料,是顺德水牛奶色白、质优的两个主要原因(Qian,Huang and Ma,2011)。

仅靠充足的水牛奶供应,不足以使龙江牛乳消费达到如此受欢迎的程度,还需要一个富裕、休闲、对品质要求较高的食客阶层。根据布尔迪厄(1984,

185）的研究，食用奶酪作为一种饮食习惯，应该被理解为是上层社会生活方式的一种体现，因为上层社会的人拥有文化和经济资本，有能力开发、生产和品鉴奶酪之美味。自宋朝以来，龙江及龙山周围的人因缫丝业和烹饪技术获得了大量财富，从而形成一种地域自豪感，自称"龙江人或龙山人，而非顺德人"（Su 2005）。自明朝至清朝，皇宫就开始收藏龙江的珍贵丝绸（*Shunde Longjiang Gazette* 1967）。全球（尤其是英国）通过澳门对丝绸的贸易需求，推动了顺德缫丝业的快速发展（Li 1981）。清朝时期，龙江发明了生产丝绸的机器，进一步巩固了龙江在缫丝业中的领先地位。

碧江村也属于顺德，因本地水牛奶而知名。碧江是顺德最早的村镇之一，原名"百滘"，意为"百河交错、水网密集"。清代碧江名士苏鹤所作《碧江廿四咏》，广为人们所传诵，生动地描绘了碧江的景色。这组诗对研究顺德历史具有重要意义。就本书而言，诗中不仅捕捉了碧江人民社会生活的细节（Su 2005），还描述了1821年至1850年期间碧江人食用水牛牛乳的情况：

无酒煎茶兴未桔,

市头袖饼出红炉。

自来牛乳称佳品,

不及名传塞上酥。

(Su 2005,108—109)

苏鹤的诗优美如画,对我们研究中国牛奶文化具有重要意义,原因有二。首先,诗中明确阐明水牛牛乳深受碧江贵族的欢迎。其次,诗中表明中国有闲阶层促进了牛奶文化的发展,如诗中所述,中国牛奶文化受到了清朝宫廷饮食文化的影响。如今,碧江依然是富商巨贾和政府官员的云集之地,生活富足。自清朝开始,碧江的造纸技术便闻名全国。丰裕的河水资源为造纸(包括浸泡纤维和排水程序)提供了优越条件。除了造纸和纸张贸易以外,碧江人还会制作美味的干果,主要是荔枝干和龙眼干,价格昂贵,是正式宴席上的佳品。[8]碧江人致富后,便通过获得官职提升自己的政治权力和影响力。碧江历史上参加科举考试的人中有100多人成绩优异,获得功名。他们生活奢华，建金楼，娶娇妻（Su 2005）。

历史学家迈克尔·弗里曼研究中国美食文化时，对中国宋代的饮食有自己独到的见解。他认为，"高级"菜肴的诞生，需要满足3个条件。首先需要丰富多样的地方食材，能够让厨师反复尝试，充实菜单内容。其次，需要一批有闲阶级，作为食客对品质要求高，而且不受宫廷礼仪限制。最后，需要中国人秉持的文化态度，强调食之乐趣（Freeman 1977，165—166）。生态、社会和文化因素对顺德本土牛奶文化的塑造具有重要意义，我在龙江镇和碧江村进行的研究为这一结论提供了人类学方面的论据。

然而，虽然历史文献中记载龙江和碧江两地均以水牛牛乳著称，但我在顺德采访时，却没有人将这两地与牛乳联系起来，反而都认为大良镇生产的牛乳才是最"正宗"、最"传统"的。与龙江镇和碧江村一样，大良镇过去也是一个河漫滩平原，河流纵横交错，自明代起，从鹿门①开始在堤坝上种植桑树，发展养蚕业。由于地处广州近郊，1573年至1619年，大

---

① 现称大门。——编者注

良的缫丝业得到了大力发展。得天独厚的地理位置赋予了其竞争优势，顺德逐渐发展成为"南方丝绸之城"，并催生了一批暴发户，为了炫耀财富，他们建立自己的社交网络，经常举办一些奢华的宴会，使用的美食中不乏用水牛奶制作的佳肴。大良的金榜村，是正宗水牛牛乳的摇篮，下一部分将重点介绍这种牛乳。

## 金榜村手工牛乳手艺人

金榜村位于大良镇北部。大部分手工牛乳手艺人都聚集在金榜村，但我所采访的人对这里的起源知之甚少。村里的居民只知道这里的早期定居者来自中国各地，曾经全村60户人家就有30个不同姓氏。金榜村过去鱼塘密布、河流交错，水牛随处可见，尤其是村子的西北部，过去都是鱼塘和河流，而现在，梁銶琚职业技术学校和佛山电视台大楼在此拔地而起。过去几乎所有人都是以船代步，只要有龙舟比赛，金榜区的人定获冠军。

经济上，过去金榜村的大多数居民收入较低，过着较为艰苦的农村生活,与大良(清末广东最富有的城市)丝绸商和白银商的命运形成了鲜明对比。当时有一首打油诗很流行,将金榜村人民的艰苦生活表现得淋漓尽致:

*如果你有女儿,不要让她嫁到金榜村。*
*否则,她的草鞋上将沾满水牛的粪便。*
*如果你养猪养牛,必将劳碌一生;*
*如果你一无所有,反而像风一样自由。*[9]

鉴于金榜村的历史和地理概况,很难想象,自1984年土地改革以来,大良发生了如此巨大的变化。如今的金榜村不再是鱼塘、河流纵横交错,而是坐落于一个现代化城市中的村庄。金榜村有一条安静的街道,名为金榜上街,隐藏在两条繁忙的现代主干道之间,即大良西北部的凤山中路和鉴海北路之间。村民们步行15分钟就能到达市中心。如今,金榜村约有50户人家,主要有李、梁、赵和陈姓家族。实地考察期间,我住在村北的一家教师招待所里,每天必经的题名路上有一个小食品市场,本地政府办公室和社区中心也在这条路上。走过题名路右转，就是一条狭窄的小巷，总能听到粤剧美妙的旋律。这里的房子大部分都有两层，由青、红砖建造而成。大部分人家的大门都是全天敞开的，时不时就能看到爷爷奶奶坐在门口给孙子孙女喂饭的情景。金榜上街总是弥漫着浓郁的牛乳香，香味都是从牛乳手艺人的作坊中传出来的。街道上有几家零售店、两家发廊、一家二手金属和皮革店、三家水牛牛奶和牛乳店。20年前，金榜村曾有20多户人家以生产和销售水牛牛乳和牛奶为业。而截至我调研期间，只剩下6家了。

金榜村牛乳手艺人的家通常就建在作坊附近。比如像林阿姨的家（入口处有一口私人水井）就在她家小作坊的右边，小作坊里光线昏暗、设备简陋，她每天从早上4点一直工作到晚上9点半。[10]林阿姨的家与村里大多数建筑一样，有两层楼，她和二儿子、儿媳还有孙女住在一起。她出生于20世纪30年代，从16岁起就开始做牛乳了。本地居民和牛乳手艺人一致认为她是资格最老的牛乳手艺人。村里人都十分尊重她，视她为金榜牛乳历史的代言人。

虽然许多牛乳手艺人每天基本都在自己的小作

坊里度过，也没有什么高级的电子设备，但他们与现代世界却保持良好的联系。林阿姨虽然不识字，但她家有一台48英寸的大彩电，每天通过看电视，她也知道全球环境正在恶化，本地存在食品安全问题。林阿姨告诉我说："现在，大良的水都被污染了。我们家井里打出来的水只能用来洗衣服，不能喝了，因为里面含有太多化学物质。"为了喝到干净的水，林阿姨的儿子花了3000多元买了一台净水机。林阿姨的儿子是一名司机，这台净水机差不多就花了他一个月的工资。林阿姨家的净水器和大电视之间放着一个微波炉。每天晚上睡觉前，林阿姨都会用微波炉为孙女热一杯水牛奶——以微波炉加热灭菌。金榜村的人每天都会对家中使用的餐具消毒。每天晚饭前，人们会对所有碗盘消毒。家境不富裕的人家买不起消毒柜，就用微波炉消毒。

有一篇文章非常有趣，名为《制作奶酪的人总是女性》（"Cheese Makers Are Always Women"），作者卡罗尔·莫里斯（Carol Morris）和尼克·埃文斯（Nick Evans）在文中指出，英国人关于"制作奶酪的人应该都是女性"的刻板印象源于，在农民家庭以及媒体宣传中都有这样的认识,那就是男性强壮就应该干力气活,而女性柔弱就应该做一些轻松的家务活(Morris and Evans 2001)。同样,在金榜村,制作牛乳的都是女性,女儿从母亲那里学习牛乳制作技术,代代相传。村民,尤其是妇女都认为,牛乳制作只是一项家务活,属于低级工作。也就是说,就连牛乳手艺人都认为制作牛乳是那些"没文化""没知识"的人从事的工作,如果男人从事这项工作就会被人看不起。

牛乳作坊一般就设在手艺人的家旁边,主要由留在家里的母亲、妻子、保姆和家庭主妇从事制作工作。现在仅剩的6家牛乳作坊,虽然姓氏不同,但是作坊里的设置以及准备工序都惊人的相似。制作牛乳的主要原料就是水牛牛奶和醋,制作设备十分简单,两个煤炉、一个钢锅、一个砂锅、三个不同尺寸的小瓷杯、一个木制模具和盐水。

虽然她们制作牛乳的步骤和程序一样,但制作出的成品无论是数量还是质量都有所不同。林阿姨告诉我,制作牛乳最关键的部分就是要掌握好牛奶和醋的温度。她通常会把盛有牛奶的钢锅放在左手边的煤炉上,加热到30—40摄氏度。把装有醋的砂锅放在面前的另一个煤炉上加热。使用煤炭不仅成本低,而且能够让锅炉保持较低的热度。林阿姨拿出中号杯子从钢锅中取出一些牛奶和一些加热好的醋,倒入一个直径约5厘米的大瓷碗中。轻晃瓷碗,再取一些温热的醋,装入一个又小又薄的瓷碗中。林阿姨左手端着碗,用两根手指沾一些牛奶与醋混合,再用食指、中指和无名指按顺时针方向轻按混合物使之充分融合,最后再用拇指触碰液体,测试牛奶是否开始凝结。一旦溶液充分融合并达到合适的温度,牛奶就会立刻凝固。测量牛奶的杯子有3种不同尺寸,因而制作出来的牛乳也有3种规格:小号、中号和大号。通常,瓶装牛乳都是中号的。只有在专门订制的情况下才会制作大号牛乳。小号牛乳一般用于送礼,100片一盒。

另一个需要特别注意的重要步骤就是牛乳成型过程中去除水分的技术和技巧。每一片牛乳都是纯手工制作的。首先,手艺人用左手拿着一个刻有"金榜牛乳"字样的木制模具。然后将溶液倒入模具中,用右手食指将溶液抹平,再用左手掌按压使之凝结。只听一阵"挤压"声,溶液中的水就被挤出来,剩下的部分就形成一层薄薄的牛乳。最后再快速将这片白色半透明的牛乳从模具中取出，放入一个盛有盐水的瓷容器。牛乳就像一片雪白的花浮在盐水上。最后，牛乳手艺人会把10张牛乳排在一起，等完全干燥后再装瓶。

在牛乳凝固成形前一定要把里面的水分去除干净。否则制作出的牛乳形状怪异，容易破碎。过去，由于水牛奶数量稀少、价格昂贵、对健康有益，人们会把用剩的乳清和醋的混合液收集起来，用文火将其煮开。部分水分蒸发后，上面就会形成一层甘美的油性奶油，类似于过去制作酥的过程。过去人们常常用这种方式制成的奶油作为米饭的佐餐，味道醇美。现在，大多数牛乳手艺人都会把这种乳清和醋的混合物扔掉，因为她们认为过滤和烹饪过程太浪费时间了。再者，当今中国，并不缺乏营养丰富的食物。[11]

### 炖奶、双皮奶和姜撞奶

除了牛乳，顺德人长期以来一直有在冬季食用炖奶的习惯，将炖奶作为一种炖品增强体质。如上所述，中国人一直有食疗的传统（Anderson 2005；Chen

2009）。食物类型多种多样，有的可以作为补品，有的只是用于维持身体所需，但并非所有补品都对身体有益，因为营养丰富的食物对那些"体热"的人来说可能会太"热"了。水牛奶富含蛋白质，如何能让这种食物补而不燥（既能够减少热量，同时又能保持其营养价值和能量），其中一种方法就是蒸制。

炖奶有助于恢复身体活力，使皮肤更加光滑。大良的几代人都会在家中制作炖奶。此外，大良的牛奶炖蛋和牛奶浸鸡都很受欢迎。顺德菜中常使用蒸制法，因为蒸制的食物比油炸食物更健康，还能够保持食物的原始味道。在金榜村，炖奶是每家每户都食用的一道家常菜。到了20世纪30年代，奶商为了更好地保存食物，将炖奶改进为双皮奶。食物史专家刘先生向我阐释了制作一碗"正宗"双皮奶的过程：

> 将水牛奶装入瓷碗中，上锅蒸，碗中就会形成一层奶皮粘在碗的边缘。将奶皮掀起一角，倒出下面的牛奶，奶皮留在碗底。蛋清中加糖搅拌均匀后加入刚倒出来的牛奶，倒回留有奶皮的瓷碗后再蒸20分钟。浓稠的混合液体通过奶皮上的

孔又进入奶皮下面，奶皮再次浮到表面。这样，第一层奶皮下面又会形成第二层奶皮。整个过程中最难掌握的部分就是始终要保证第一层奶皮不会从碗边脱落。最后制作出来的双皮奶，上面的奶皮丝滑香醇，下面的牛奶布丁滑嫩可口。

顺德还有一种乳制品叫做姜撞奶，具有药用价值。将姜汁加入温热的牛奶中，牛奶瞬间就凝结成光滑细嫩的凝乳。生姜具有抗氧化、消炎、止吐和养胃的功效，在中国和印度已有4000多年食用史（Biniaz 2013）。姜撞奶以前常被用来治疗风寒和流感，现在成为中国各地的一种甜点。

## 牛奶、身体健康与社会地位

许多人类学家和历史学家都认为，北欧出现乳业（饲养奶牛并获取牛奶）是早期农业发展过程中的关键一步，牛奶迅速成为史前农民和使用陶器的晚期狩猎采集者饮食的主要组成部分（Copley et al. 2005；Craig et al. 2011；Evershed et al. 2008）。对牛奶进行加工，特别是制作奶酪，是牛奶发展的关键，不仅做到了长期保存，而且易于运输，同时促使牛奶作为一种易消化的食品出现在早期史前农民的餐桌上（Burger et al. 2007；Itan et al. 2009；McCracken 1971）。

根据类似逻辑，本章致力于解决一个核心问题，即为什么顺德有本土的牛乳文化，而中国东南部其他地区却没有？通过对顺德的民族志研究，我发现中国的牛奶文化是基于重要的生态因素发展起来的。张光直博览中国饮食方面的书籍，在《中国文化中的饮食》（*Food in Chinese Culture*）一书中，他这样评论："中国饮食的特点首要取决于在中国这片土地上兴旺生长起来的动植物组合"[1]（Chang 1977，6）。如上所述，早在商周时期，中国各地就有饲养哺乳动物（如水牛、马、奶牛和牦牛）并食用其乳汁的传统。我在顺德进行的民族志研究，进一步证明了生态因素对塑造地方饮食文化的重要性。

然而，影响中国牛奶文化的因素并不止于此。

---

[1] 中译文参见张光直主编：《中国文化中的饮食》，第5页。——编者注

水牛饲养业的普及和水牛奶的高产性是大良牛乳文化发展的必要不充分条件，因为珠江三角洲其他地方（包括香港和番禺）并没有形成这样的牛乳文化。出于健康、口味和社会地位等原因，顺德人食用牛奶和牛乳的历史非常悠久。龙江镇和碧江村的案例说明，牛乳文化受到了第二个社会文化因素的影响，也是更重要的一个因素。在中国，喜欢食用牛乳又有文化资本的有闲阶层，对于促进美味的牛奶成为区分阶级的社会标志起到了至关重要的作用。从古典诗歌、农业专著和地方历史文献中我们可以了解到，用水牛奶制成的牛乳是顺德本地的美食，是供皇室成员、上层阶级、学者和美食家消费的必备商品。美国经济学家托斯丹·凡勃伦（Thorstein Veblen [（1899）1994］首次提出炫耀性消费的概念，指出这种消费观既具有社会性，又具有独立性。就社会层面而言，凡勃伦总结出一套进化体系，根据该体系，个人的偏好是由社会决定的，与个人在社会等级中的地位息息相关，下层阶级趋向于模仿较高阶层的消费模式。随着经济及社会结构的演变，影响这种模仿性的社会规范也在发生变化。就独立性而言，所有社会阶层的个人不仅会努力提升自己在他人心中的地位，同时也会提升自己在自己心中的地位，通过实现理想的生活方式体现自己的身份，以此提升自己的地位。［Veblen（1899）1994，1：103］。

第三，中国古代的牛奶文化也表明，健康理念和本土体液说在塑造牛奶消费方面的重要性。当然，这种联系并非中国独有，前面也探讨过，古希腊和印度也存在类似情况。如前所述，牛奶在中国传统医学史上具有独特地位。中国古代的牛奶加工和牛奶配方与中国的健康理念密切相关。中国的健康理念是建立在独特的"阴阳概念"基础之上，对牛奶的消费方式具有重要影响。如，"阴性"牛奶适于冷却"热性"身体，而体弱者适于食用"阳性"牛奶。古代医学文献中记载，牛奶可药用；而双皮奶和姜撞奶过去常在冬季被当作补品食用，让皮肤变得光滑，促进健康。

现在大多数人类学家一致认同，一个地方的饮食习惯不仅会受到生物和环境因素的影响，同时还会受到历史、政治、社会和文化因素的影响（如Levenstein 2003；Oxfeld 2017；Striffler 2005；Wiley 2014）。我在顺德进行的民族志调研，充分表明这些因素在塑造备受忽视的中国牛奶文化过程中所发挥的积极作用。不过，自从改革开放以来，本来作为药用和保健食品的牛奶由于积极的宣传成为人们日常消费的"零食"。下面的章节中，我将阐述在经济全球化和国家现代化建设的背景下，中国本土的水牛奶产品如何被外国牛奶取代，外国牛奶进而成为社会地位的新标志。

# 第二章

## 牛奶公司、英式奶茶和瓶装豆奶

英发茶冰厅（Ying Fat）是香港的一个本地茶餐厅，位于观塘区的一条繁华街道上。观塘区是20世纪50年代香港最具活力的城区之一，这里工业区和住宅区混合在一起。茶冰厅白色的墙壁上挂着一张颇有艺术风格的菜单。这份菜单已经有50年的历史了，至今保存完好，展示了这家茶餐厅供应的100多种菜肴和饮料。菜单下面的数据是人们对某个菜肴的成分、味道、营养价值及健康情况公认的评分：菜肴食材是否新鲜、味道是否"正宗"；食物是否包含身体所需的各种营养素，食物的热量能否被转变成能量；是否含有某些能够预防疾病和增强体质的维生素。不过，这些关于食物、味道和营养的评分，还只是这张有半个世纪历史之久的菜单所体现的一部分内容。

这张菜单上最有趣的一个现象是，许多菜肴的配方中都出现了牛奶这一食材，而在20世纪60年代，香港华人的早餐桌上鲜少出现牛奶这一食物。例如，该餐厅提供的液态奶就有三种形式、三种价位：第一种

第二章　牛奶公司、英式奶茶和瓶装豆奶

是"牛奶公司"生产的品牌鲜奶"公司鲜奶",价格最贵;第二种是新鲜牛奶;第三种是"香甜奶水",价格最便宜。

最优质的"牛奶"当属大公司生产的鲜牛奶,即1886年香港成立的第一个牛奶公司"牛奶公司"[①]生产的瓶装鲜牛奶。用这种牛奶制成的饮料通常比用第二种牛奶(其他品牌的新鲜牛奶)制成的饮料贵2—3港元。餐厅为了向顾客保证所用牛奶是"牛奶公司"生产的正宗鲜牛奶,服务员会把密封的冰镇牛奶拿到顾客桌前,在瓶盖上开一个小孔,顾客插上吸管便可饮用。

第二种新鲜牛奶也被称为"鲜奶"。这种鲜奶与"牛奶公司"生产的品牌鲜奶相似,只不过不是由"牛奶公司"生产的而已,通常被装在普通玻璃杯中。大多数"新鲜牛奶"使用的都是利乐砖(Tetra Pak)无菌包装,存放时间长,无须冷藏。因此,顾客认为这种鲜奶不如瓶装"鲜奶"那么"新鲜"健康,因此售价较低。

---

① 即前文提到的"牛奶国际。"——编者注

第三种是西式牛奶，也叫奶水。在汉语中，"奶水"一词通常指代母乳。在香港的茶餐厅里，"奶水"是用炼乳或无糖浓缩奶加水稀释而成的。从20世纪30年代到40年代，儿科医生就强烈推荐用浓缩奶制成的奶味饮料作为婴儿食品（Radbill 1981）。同样，从20世纪40年代到60年代，整个亚洲都提倡用浓缩奶或炼乳制成的奶味饮料作为母乳的替代品。这可能就是这种乳白色饮料被称为奶水的原因吧。除了液态"奶"，还有其他许多"奶"制饮料，里面可能含有也可能不含牛奶成分。例如，奶粉饮料，属于茶餐厅中供应的第四种牛奶，如好立克（Horlicks）麦芽粉、巧克力粉和杏仁粉制成的牛奶饮料，这些饮料中除了奶粉外，还添加了麦芽、可可和杏仁等成分。

香港回归前的本地茶餐厅根据价格划分牛奶等级的现象，不仅说明了中国社会牛奶产品的多样性，也反映了人们对食品、科学、健康和社会秩序所持有的观念。了解不同类型牛奶的价值和相关健康理念，我们不仅需要研究营养学和文化知识的演变过程，同时还需要了解营养、味觉体验及其道德含义之间的持续关系。

第二章　牛奶公司、英式奶茶和瓶装豆奶

　　我的目的不是了解乳品公司是否能够成功改变人们的饮食或健康状况，而是研究食品消费、饮食健康和社会变革过程中涉及的文化政策。具体而言，即香港的传统美食制作过程中过去并没有使用本地牛奶，为何在1841年香港受英国殖民统治后，发生了如此大的变化？不同种类的牛奶和豆奶[①]，其健康价值和口味有何不同？这些价值观和意义反映了受英国殖民统治的香港社会存在怎样的状况？外国牛奶公司首次进入中国市场的故事，对于理解牛奶和豆奶产品的文化意义和价值具有重要意义。饮食作为我们能够从中了解到饮食和健康变化的社会动态，了解世界的一个窗口，不再想当然地只考虑什么是理想的饮食，这些饮食有什么功能。诸如"牛奶公司"和维他奶有限公司（Vitasoy，后文简称"维他奶"）等企业特别重视牛奶或豆奶消费的道德价值，推广了牛奶和饮食健康，向人们灌输与强身健体、塑造良好公民和建设富强国

---

　　①　本书提到的"豆奶"特指一般由工业生产、由大豆研磨而成，口感细腻，易保存，并有一定添加剂的乳制品，以区别中国传统的，将大豆泡过后磨碎、过滤、煮沸制成的"豆浆"。——编者注

家相关的社会价值观。我依次探索了以上每一个方面,阐明了食品消费和饮食健康所反映的政策,为后文从新视角观察牛奶消费情况、牛奶评级和排名以及对牛奶的论述奠定了基础。

## 营养科学与"牛奶公司"

欧洲牛奶全球化始于19世纪末,与欧洲的海外殖民扩张和营养科学的出现密切相关。香港可能是中国第一个建立外国奶牛养殖场的地方。19世纪末,香港还是中国东南部的一个小渔村,英国官员义律(Charles Elliot)称之为"我们在中国的军事、商业和政治行动重要基地"(Tsang 2004,17)。[1]令人惊讶的是,虽然香港距离顺德只有约113千米,但香港并没有本土牛奶文化,而顺德在英军入侵之前已经成为中国水牛牛乳的故乡。香港人很少喝水牛奶,也没有生产水牛牛乳的技能和食用牛乳的体验。1847年,奶牛从欧洲被运到香港。这距离1842年香港被英国占领仅仅过了几年。鸦片贸易额占中英贸易额一半,香港的战略地位日益凸显,遭到英国强行侵占(Liu 2009,

第二章　牛奶公司、英式奶茶和瓶装豆奶

20—23；Tsang 2004，17—18）。然而，欧洲人在热带地区殖民扩张过程中所面临的挑战，远多于在温带地区。欧洲人在非洲开展殖民扩张时，遭遇了当地疾病、暴风雪和沙尘暴的摧残，死伤不计其数（Crosby 1988，107）。19世纪40年代，欧洲人在香港的死亡率尤为惨烈。历史学家特里斯特拉姆·亨特（Tristram Hunt）如此描写道：

> 经历了烈日炎炎、海雾弥漫、暴雨肆虐的日子，却没有迎来高地清新的空气，"香港的酷热"将大批早期英国定居者置于死地。士兵们的境遇更是糟糕，住房条件恶劣、饭菜难以下咽、每日筋疲力尽，性病泛滥和酗酒成性，都让他们付出了惨重的代价。而天花、疟疾和霍乱等疾病更是将他们折磨得奄奄一息。据统计，19世纪40年代中期，在港英国人的死亡率接近20%，1843年6月至8月期间，第五十五团有100名士兵死亡，第九十五团有260多名男子、4名妇女和17名儿童死亡，平均每月就有50人丧命。（Hunt 2014，223—260）

在港英国人的健康情况以及英军士气降到冰点时,英国人认为本地缺乏牛奶是一个战略问题,应该解决。19世纪下半叶出现的当时最为先进的营养科学,巩固了牛奶在当时食物等级中的最高地位。营养科学的发展可以追溯到18世纪末法国的"化学革命"[①](Carpenter 2003)。威廉·普劳特(William Prout)是一名英国医生,也是提倡人类饮食中牛奶应占重要地位的先驱之一。他称:"人类及一些高级动物所需的主要营养物质可分为三大类:糖、油和蛋白。"后世科学家将这三大营养物质称为碳水化合物、脂肪和蛋白质。普劳特认为,牛奶包含这三大营养物质,是最完美的天然食品。因此,19世纪欧洲列强的共同目标就是向殖民地输出欧洲奶牛,在炎热的殖民地创造出类似欧洲的本土环境,自然驯化奶牛(Osborne 2001)。

了解到科学家在牛奶中发现了宝贵的营养物质,

---

① 1777年,法国科学家拉瓦锡提出氧化学说,推翻并取代了世人仰奉百年之久的"燃素说",被称为"史无前例的化学革命"。——编者注

欧洲人极其重视以合理成本开发优质牛奶，确保其稳定供应，保证生活在世界各地的欧洲人的健康。例如，1890年，一位生活在越南的法国企业家指出，"牛奶的售价至少为每升25美分，而人们买到的牛奶（一半是椰子粉，一半是水）的售价就高达40美分"（Peters 2012，190）。1847年时，约有618名欧洲人生活在香港，他们食用的牛奶主要来自本地养殖的水牛或欧洲人在太平山下养的几头奶牛。太平山下是当时大多数在港欧洲人的居住地（Cameron 1986，14）。艾尔斯医生（Dr. Ayres）1873年至1897年期间在香港工作，他发现，无论是富有的欧洲人还是中国人，饲养奶牛的条件都不理想。山羊和绵羊，还有猪之类的家畜在奶农家中随便走动，奶牛则被关在地下室里饲养。这些奶牛生产的牛奶，一瓶约710毫升，售价均在20美分到25美分之间，是只有香港富人才有能力消费的商品。而不太富裕的外国人和其他人则主要食用本地水牛生产的水牛奶。欧洲人认为水牛奶与牛奶相比，不易消化，特别是对于儿童而言，更不易消化（Cameron 1986，30）。

　　为了稳定地供应价格实惠的纯正外国牛奶，定居在东亚、南亚和东南亚的欧洲人陆续在亚洲创建了外国奶牛养殖场和牛奶供应网络。例如，早在17世纪，荷兰人就在印度尼西亚选择气候凉爽的山区建造了奶牛养殖场，到了19世纪，随着欧洲人人数的增长，又在城镇建立了奶牛养殖场（Den Hartog 1986，72—78，82—83）。同样，在印度的英国人为了食用牛奶和乳制品，也开始饲养自己的奶牛（Wiley 2014）。在越南，来自印度的泰米尔人为法国人提供羊奶。到了19世纪末，虽然法国人自己的乳品公司经营不善，但西贡有许多泰米尔人经营的奶牛场（奶牛是从南印度进口的）能够满足法国人对牛奶的需求（Peters 2012，190）。

1886年，出于商业和社会道德效益，香港成立了第一家工业化乳品公司——"牛奶公司"。"牛奶公司"由苏格兰医生万巴德爵士（Patrick Manson）创立，万巴德爵士被誉为"热带医学之父"，主要研究寄生虫，以发现了传播疟疾寄生虫的宿主是蚊子而闻名于世。万巴德爵士参加过一次由艾尔斯医生领导的调研旅行，他发现中国供应商的奶牛养殖场和肉类加工工厂的卫生条件极差，认为香港可能会面临一场

第二章　牛奶公司、英式奶茶和瓶装豆奶

"牛奶饥荒"。此外,由于太平天国攻入上海,外国人纷纷逃至香港,导致生活在香港的外国人人口从1859年的8.7万人突然间上涨到12.5万人(Cameron 1986;Manson-Bahr and Alcock 1927)。万巴德爵士在创建乳品公司的提案中称:"从卫生的角度来看,社区牛奶供应的重要性应仅次于饮用水的重要性。"在欧洲,牛奶是"生命支柱",特别是对于幼儿和病人而言尤为重要。万巴德爵士认为,成立乳品公司对生活在香港且较为贫寒的欧洲人来说尤为有益,一方面,乳品公司能够"提供质量完全可靠的牛奶,另一方面,牛奶价格适中,能够成为穷人饮食中的大众食物,而不再是贵不可及、只有富人才能享用的奢侈品"。(Manson-Bahr and Alcock 1927)

通过宣扬外国牛奶是唯一健康的饮用奶,特别是其对婴儿和病人的重要性,为后来"牛奶公司"的创立奠定了道德基础,从而获得了商人和政府的大量资源支持。若是没有商人和政府在财政、技术和社会方面的支持,欧洲人是不可能成功地在香港这样一个温暖、潮湿的亚热带地区开办乳品公司的。富商们组成了"牛奶公司"的董事会,其中包括建造了香港第一座发电站的遮打爵士（Catchick Paul Chater）；为公司提供了金融资本的格兰维尔·夏普（Granville Sharp）[①]；香港立法局高级非官方议员菲尼亚斯·赖里先生（Mr. Phineas Ryrie）；以及中国贸易保险公司秘书威廉·亨利（William Henry）（Cameron 1986，34；Sayer and Evans 1985，50—58）。

香港地处亚热带地区，夏季炎热潮湿，经常受到台风的袭击。此外，从美国、澳大利亚、英国和荷兰等国进口的奶牛，很难适应香港的气候，在香港驯化饲养这些奶牛需要很长的适应时间，如果不是生活在香港的欧洲人口数量激增，香港并不是建立乳品公司的理想之地。虽然万巴德爵士得到充足的财政和政策支持，但是从零开始创建乳品公司绝非易事。农业研究员胡伊特马（Huitema）指出，在热带地区从事牛奶生产的主要困难在于，奶牛很难将体温调节到正常范围以内。这会对奶牛的泌乳量产生负面影响（Huitema 1982，262）。万巴德爵士与政府关系良好，因此能够自主选择建造奶牛养殖场的地点。由于香港夏季炎

---

[①] 英国学者、慈善家。——编者注

热，奶牛泌乳量少，为了解决这一问题，万巴德爵士选择了香港岛薄扶林的西南陡坡作为新的奶牛养殖场场址，占地约1.2平方千米。这里夏季有凉爽的西南风，有助于奶牛健康成长，但在当时，那里所需的所有食物和建筑材料都必须由工人从海边扛到山顶上。19世纪，荷兰人同样是出于解决奶牛泌乳量的问题，选择了在印度尼西亚气候凉爽的山区建造奶牛养殖场（Den Hartog 1986，72—78，82—83）。

综上所述，港英政府为了增强在港英国人的身体素质，推动了香港外国牛奶的供应，为奶牛养殖场的建立提供了各项专门服务，包括土地租赁、道路建设和维修、供水服务、免疫接种和牛奶质量检查等（Cameron 1986）。除此之外，1887年，在港英政府的支持下，万巴德爵士和伦敦传道会建立了香港第一所医学院——香港华人西医书院，为欧洲和欧亚移民以及香港本地居民的求医治病提供保障。学校的教学以严谨的现代西医理论和科学知识为基础，这也成为香港历史上营养科学传播的一个关键时刻（Lai et al. 2003）。香港华人西医书院后来发展为香港大学医学院，在1981年香港中文大学成立医学院之前，是香港唯一的医学院。换句话说，第一个工业化奶牛养殖场与香港西方医疗体系的建立齐头并进，逐渐改变了中国人对牛奶、营养和健康的认识。

## 瓶装豆奶及豆奶的营养

欧洲营养科学的产生和传播不仅提高了牛奶在亚洲的地位，同时也提高了豆奶的地位，促使豆奶生产在20世纪30年代进入工业化。早在汉朝早期，中国就发明了豆浆。豆奶最初并非作为食物，生豆浆中含有蛋白酶抑制剂、低聚糖（易引起胀气）和脂肪氧化酶，容易引起消化不良（Huang 2008，52），因此，传统观点认为豆浆是中国的一种古老食物，事实却与之相反，豆浆是在18世纪或19世纪才成为中国饮食的一部分，当时人们发现，豆浆经过长时间加热后，很容易被消化。

虽然20世纪30年代至60年代期间，由来自中国北方的移民在街头售卖的豆浆和油条是香港工薪阶层最常见的早餐或零食，但许多人认为这些只是"穷人的食物"，营养价值低。在20世纪40年代香港遭到日本侵占的动荡年间，数万香港人惨遭不幸。当人们把大米、花生油、少量肉类和燃油存储在钢筋混凝土建造的食品店时，有人建议把大豆也作为战时重要的粮食储存，但在当时遭到了拒绝，这也就不足为奇了。当时的医务总监（1937年至1943年）司徒永觉爵士（Sir Percy Selwyn Selwyn-Clarke）在自传中回忆："当我建议用后者（大豆）作为蛋白质来源时，就遭到了立法会中一些中国同事的反对，他们抗议说大豆是用来喂猪的。最后还是中国实业家罗桂祥先生对大豆产品的重视，才使得香港及其他地区的人认识到大豆的宝贵价值。"（Selwyn-Clarke 1975，62）

如果说19世纪末欧洲人在香港推广牛奶，是出于道德因素的一种战时防御措施，那么20世纪30年代豆奶的工业化则是出于增强中国人体质的目的，特别是在抗日战争全面爆发后，增强国人体质变得尤为重要。维他奶创始人罗桂祥称，香港豆奶的工业化旨在为大多数中国人提供营养丰富、价格低廉的食物。对他来说，豆奶业的发展体现的是一种爱国主义情怀。20世纪30年代末抗日战争期间，许多中国难民生活在肮脏不堪的难民营中，普遍营养不良，豆奶的出现给难民们带来了福音（Hsieh 1982）。罗桂祥开展志愿服务，为难民提供牙刷和牙膏等日用品，在这一过程中，他发现许多难民都患有严重的脚气病，这是由于缺乏维生素B1，严重的脚气病不仅会影响神经，还会导致身体疼痛和虚弱，甚至心力衰竭（*Encyclopedia Britannica* 2019）。1937年，朱利安·阿诺尔德（Julian Arnold）在上海出差时做了一次题为《大豆——中国的"奶牛"》（"Soybeans—The Cows of China"）的演讲，罗桂祥这才开始了解大豆的营养价值。得知豆奶中富含优质蛋白（氨基酸含量与肉类和牛奶接近）、矿物质和维生素，碳水化合物和脂肪含量适中，罗桂祥萌生了生产豆奶的想法，豆奶成本低、营养丰富，能够改善难民的体质。为了帮助难民生产豆浆，罗桂祥及朋友给难民们送去了几百千克大豆、1口大锅、1台石磨，一些用蚊帐制成的过滤网，并教他们制作豆浆的方法。罗桂祥先生说，没过多久，许多脚气病患者就可以下地走路了。看到如此积极的效果，1940年，罗桂祥在铜锣湾创办了第一家豆奶厂，就建在外国乳业巨头"牛奶公司"的前面，那时"牛奶公司"主营新鲜牛奶，主要服务当时香港的欧洲人和富人。

罗桂祥承担起了向公众宣传新兴营养科学的道德角色，并以此作为其豆奶产品营销的策略，努力将豆奶产品从"传统中国食品"转变为"现代乳品"，并将产品命名为维他奶（"含维生素的豆奶"），装入玻璃奶瓶中，以便消费者看清里面的豆奶。"维他（vita）"一词在拉丁语中意为"生命"，是"维生素（vitamin，也译作'维他命'）"一词的缩写，这也为现代豆奶戴上了科学的光环。把这种饮料命名为"豆奶"，而不是中国常用的"豆浆"一词，并将其装入玻璃奶瓶中，都旨在将罗桂祥的现代豆奶从豆制品（被视为传统、中式且低级的食品）类别中抹去，重新将其解构为优质、现代的"西式"奶。为了进一步加强维他奶与牛奶之间的联系，罗桂祥甚至也采用了送货上门方式，与"牛奶公司"的做法如出一辙。罗桂祥还仿照"牛奶公司"经营西餐厅的战略，在香港九龙半岛的旺角开了一家"维他茶餐厅"，出售维他奶和中国甜点（Cai 1990，30—31）。

鉴于豆制品悠久的食用传统，再加上道德因素以及精心策划的营销策略，罗桂祥预计豆奶会很受欢迎，然而茶餐厅开业第一天却只卖出了9瓶豆奶，这让罗桂祥倍感惊讶。在20世纪40年代末，维他奶的销售遭遇失败，可以从文化和历史的角度来解释这一现象。当时，香港大多数人之所以不会每天都食用豆奶，是因为豆奶属于"寒性"食物。根据中国的体液理论，食物本身自有"寒性"或"热性"特质，大豆食品和豆奶属于"寒性"食物［Li（1578）2003，595］。社会学家尤金·安德森（Eugene Anderson）指出，现代社会中的人，无论来自东方还是西方，仍然会根据盖仑的"热—寒"、"干—湿"分类理论选择食物、设计食谱（2005，142）。豆浆属于"寒性"食物，而油条属于"热性"食物，这也是为什么香港人的早餐会把油条和豆浆视为完美搭配。体液理论在香港影响深远，这可以从一件轶事中反映出来：有一次，一位老太太指责罗桂祥"不道德"，销售不健康食品，因为她认为豆奶"太寒"，"不健康"（Cai 1990，20）。即使到了21世纪初，西敏司和陈志明就香港食用豆制品的情况开展了一项研究，他们发现，人们普遍认为，老年人不宜多食豆腐或豆奶，因为豆制品属于"寒性"食物（Mintz and Tan 2001，125）。在这项研究中，一位受访者提到，她的母亲在煮豆浆

第二章　牛奶公司、英式奶茶和瓶装豆奶

时，通常会在里面加入一块生姜（"热性"食物），以降低豆浆的"寒性"。

20世纪30年代，罗桂祥试图将维他奶定位为牛奶的努力以失败而告终，这表明大多数消费者并不相信营销信息中所宣传的维他奶的营养价值，或者从更广泛的方面说，是不相信豆奶与香港新建立的牛奶文化存在相关性。20世纪70年代中期，维他奶迎来了一个转折点。由于生产技术和营销策略的转变，维他奶赢得了年轻人的青睐，最终战胜了"牛奶公司"的新鲜牛奶。维他奶采用了瑞典开发的超高温灭菌（UHT）加工技术，并使用利乐砖无菌包装，这样产品更轻便、更结实，可在超市出售，使之一跃成为人们参加户外活动的最佳饮料。[2] 由于便于携带，维他奶不再强调与牛奶的相似性，而是重新定位为一种用于解渴的国际化"软饮料"，成为社会各阶层获得现代新身份的希望。从1975年开始，维他奶推出了一系列新广告，有一句粤语广告词"点只汽水咁简单"尤为成功。为了树立维他奶"现代""西式"的品牌形象，公司聘请了许多名人，如艺术家萧芳芳，自20世纪60年代以来，她一直演唱英文歌曲，被打造成一名国际化的现代女性；以及温拿乐队①，堪称港版"披头士"。有了这些名人在广告中背书，维他奶吸引了大量痴迷外国电影和摇滚文化的年轻消费者（McIntyre，Cheng，and Zhang，2002）。通过这些营销策略，在20世纪五六十年代象征健康和科学的维他奶转型成为一种现代的户外和休闲"软饮料"，成为20世纪70年代"乐趣""幸福"和"放松"的代名词。如我们所见，维他奶的成功转型离不开在营销中对文化符号、软饮料文化的全球化以及现代包装技术的巧妙操纵。

20世纪70年代，维他奶作为一种"软饮料"在年轻中产阶级消费者心中的重新定位取得成功，这与当时的政治和社会条件背景分不开。维他奶广告中所展现的现代生活方式，充满了自由、乐趣、快乐和休闲意识，受到了新中产阶级核心家庭的认可，这得益于社会重大改革带来的一定程度上的稳定和安全，特别是1967年香港"反英抗暴斗争"发生后实施的"十年

---

① 香港20世纪70年代的一支著名乐队。

建屋计划"①和九年免费强迫教育②，对维持社会稳定起到很大的作用（Tang 1998，65—67）。这种新中产阶级和香港本地身份认同在香港当时多样化的休闲活动中，以及国际化的流行饮食文化中得以充分体现。由于香港住房密集，游泳和野餐等户外活动就成了新型核心家庭每个周末的仪式性活动。20世纪70年代的人，也是第一代经历了香港经济繁荣的人，获得了一个现代、国际化的身份。归属感开始在流行文化中盛行，粤语流行音乐（外国人称为Cantopop）成为主流（McIntyre，Cheng，and Zhang 2002）。随着与"其他人"（来自内地的新移民）的互动不断深入，香港身份也不断升级。在1976年至1980年期间，从内地移居香港的人数超过10万人。在这样的大背景之下，维他奶成了香港新身份和社会阶层独特的象征。维他奶

---

① 1972年，当时的港英政府宣布实施"十年建屋计划"，提出要在1973—1983年间解决住在贫民窟和木屋区的180万居民的住屋问题。——编者注

② 1971年香港小学实施免费教育，1978年扩展至初中，实行九年免费强迫教育，为此，港英政府教育署向无充分理由而不送子女入学的家长发出"入学令"。——编者注

不再是外国牛奶的替代品，或者只是用于满足弱势群体营养需求的一种营养丰富、能量高的食物。到了20世纪70年代末，维他奶已经成为中产阶级中新有闲阶层食用的现代"软饮料"，这些有闲阶级喜欢玩乐、性格外向、对其他文化充满好奇。

## 奶茶的高低品位

与鲜牛奶类似，在19世纪40年代中后期，红茶加牛奶和糖曾是英国人和香港本地精英特权群体的专属消费品，也是象征权贵的文化标志。红茶中加牛奶和糖是英国的传统，英国著名小说家乔治·奥威尔（George Orwell）将茶叶形容为"文明砥柱"（Orwell 1946），认为它是一种现代的表现。然而实际上，早在1660年，英国普通民众及医生最早接触的茶是从中国进口的绿茶，因为绿茶具有药用价值。早期，茶能够流行的原因之一是茶具有解酒的功效。这一理念可以追溯到1589年威尼斯作家乔瓦尼·博特罗（Giovanni Botero）写过的一句话："中国人有一种草药，用之熬制的汤汁，如葡萄酒般甘甜。这种汤汁不仅有益健康，还能够解除过度饮用葡萄酒滋生的所有邪恶"（Hohenegger 2006，106）。17世纪，英国禁酒运动改革者为了根除社会上的酗酒现象，大力倡导饮茶。据托马斯·鲁格（Thomas Rugge）回忆，"1659年的伦敦，几乎每条街道上都在售卖茶、咖啡和可可"，这些商品深受咖啡馆里知识分子们的喜爱[Sachse（1659）1961，91：10]。

在香港，茶最早出现在欧洲人的私人俱乐部、酒店和西餐厅中。在受殖民统治的初期，饮茶是将英国人与中国人在经济活动、居住区和娱乐形式方面区别开来的种族标志。1846年，英格兰共济会分支香港共济会在香港中环开设了雍仁会馆（Zetland Hall），这是香港最早具有宴会和餐厅设施的知名私人会所，只有英国共济会分会的成员和英国精英才有资格进入（Zetland Hall 2020）。当时雍仁会馆称，只会满足"非华人"的社会和救济需求（Cheng 2003）。外国人可以随意出入香港岛各地，自由进入岛上的中国餐厅，但中国人却无权进入雍仁会馆及酒店中的西餐厅，如1893年扩建的香港大酒店（Hong Kong Hotel）①中的餐厅。当时，起源于中国的西式红茶只在这些禁止中国人入内的私人会馆、西餐厅和酒店中供应，只有那些外国精英才有权享用（Cheng 2003）。

由于外国人开设的餐馆在当时的香港具有霸主地位和排他性，因此当香港进口袋装锡兰红茶后，中国人才首次有机会品尝到这种加了白砂糖和新鲜牛奶的西式红茶，这也是一个关键的历史时刻，标志着社会上层和下层文化之间的边界被跨越。1895年，香港第一家华资酒店鹿角酒店（Lujiao Hotel）在中环开业，中国人首次可以在公共场所享用英式奶茶。[3]这也体现了19世纪末中国商人日益稳固的经济实力（Liu 2009，75）。20世纪30年代，广州太平馆餐厅迁至香港，这是香港的第一家"番菜馆"（华资西餐厅），以豉油西餐为特色。英式奶茶与"西式"或"英式"之间的象征性联系自此转变为"中西合璧"（Xu 2007，5，108）。[4]太平馆餐厅的创始人徐老高，曾在位于

---

① 香港开埠后的第一间五星级酒店，于1952年结业拆卸，现址为告罗士打大厦和中建大厦。——编者注

广州十三行一带的美国贸易和商业公司旗昌洋行（Ji Cheong Hong）做厨师，[5] 某次与洋人发生了激烈的争吵后辞职而去。徐老高没有再去贸易公司当厨师，而是在街上卖起了煎牛扒，创新地用酱油代替西式酱汁。他用中式烹饪原理烹饪"西式"食物的创意，受到了许多人的喜爱。他的"西餐"非常受欢迎，于是在位于中国南部战略贸易中心和交通节点的广州太平沙开设了第一家"番菜馆"，并将菜馆命名为"太平馆"。徐老高举家迁往香港后，太平馆才开始供应英式袋装奶茶。这位资深餐馆老板说，太平馆已经是一种标志，在太平馆喝一杯用进口茶包冲泡的英式奶茶体现了一个人的文化层次和经济能力，是时尚的知名戏曲艺术家、运动员，以及享有盛誉的政治家和上层美食爱好者时常光顾的地方（Xu 2007）。

## 香港丝袜奶茶与狮子山精神

到目前为止，我们或许有足够的理由认为，形成上层人士享用的"高品位"奶茶（曾是欧洲富有且有权阶层的身份标志）的文化主要有两种途径。首先，在红茶中添加牛奶和糖的做法，是买办（旧时在外国贸易商和中国市场之间做中间人的中国商人）和经常接触私人会所和酒店餐厅等外资机构的商人从欧洲人那里传播而来的。其次，中国上层阶级开始光顾中国人经营的、具有异国情调和时尚的"番菜馆"也促进了这一文化的生成。

然而，香港最"正宗"的奶茶还属劳动阶级在街头的大排档和本地茶餐厅售卖的丝袜奶茶，这种奶茶浓烈醇厚，受欢迎程度远胜过温和的英式奶茶。[6] 现今，许多本地人每天都是"无奶茶不欢"，奶茶的日销售量高达250万杯（DeWolf et al. 2017）。2004年，奶茶和菠萝油被评选为"最能代表香港的设计"（*Apple Daily* 2004）。2014年，经过5年的意见征询和申请，茶餐厅最受欢迎的三种食物——奶茶、港式蛋挞和菠萝油被成功列入非物质文化遗产，并得到了香港特别行政区政府的认可。如今，许多香港本地餐厅，无论是大众饭馆还是高端餐厅，甚至连"麦当劳"等国际快餐连锁店都供应港式奶茶。港式奶茶也走向了世界，伦敦、巴黎、东京、新加坡以及有香港移民的城市都能见到港式奶茶的影子。在香港贸易发展局的支持下，香港咖啡红茶协会定期在香港、深圳、上海、广州、多伦多和悉尼举办国际金茶王大赛（港式奶茶），来自各个地区的获胜者将奔赴香港参加决赛。

在我的研究中，许多奶茶大师[7]都提到丝袜奶茶芳香四溢，口感如天鹅绒般丝滑，其调茶和冲泡艺术与老式英式奶茶完全不同。百年茶坊"兰芳园"创始人之子、奶茶大师林俊忠告诉我：

> 我们的奶茶是由5—6种红茶混合冲泡而成，有产于印度阿萨姆邦的碎橙白毫、碎橙白毫片和茶粉，斯里兰卡的锡兰茶以及爪哇岛和中国的其他茶叶。碎橙白毫香味浓郁，但颜色浅、味道清淡。白毫片口感醇厚、味道丰富。红茶茶粉成本最低，却是制作一杯正宗港式奶茶必不可少的成分。将5种茶叶混合，再加入锡兰红茶茶粉，就能冲泡出香气浓郁、口感丰富、味道醇厚的红茶。红茶泡好后，装入两个高茶壶中，来回倒入和倒出8次，再倒入装有花奶的茶杯中，香浓醇厚的奶茶就制作完成了。

然而我在实地考察中发现,许多茶艺大师、美食评论家和奶茶爱好者都在哀叹,现在很难喝到正宗的港式奶茶。茶艺大师和企业家认为,由于"麦当劳"和"大家乐"等快餐连锁店的风靡,导致港式奶茶标准下降。

为了让公众重温奶茶的"正宗"味道以及茶餐厅中食物、设备和做法中蕴含的香港精神,从21世纪第二个10年开始,一些茶餐厅企业家和本地茶商开始通过查阅书籍、媒体文章和著作,力求复原港式奶茶最初的味道。值得一提的是,最近出版的两本关于香港茶馆的书,作者分别是企业家黄家和先生和刘荣坡先生,他们在书中将香港人的狮子山精神融入了对茶餐厅各种食物的描述之中。两人在书中都称,香港茶餐厅是香港精神的体现,对维系城市未来的发展至关重要(Huang 2011;Yinlong yinshi jituan 2013)。[8]狮子山精神是香港人的核心价值观,强调刻苦耐劳、持之以恒、合作团结的精神(G. Chan 2015;Y. Chan 2014)。"狮子山精神"一词来自香港电台推出的电视剧《狮子山下》,这部剧在20世纪70年代至90年代播出,讲述了下层阶级和工薪阶层日常生活中的悲欢离合。20世纪六七十年代时，香港的许多家庭都生活在木屋区和肮脏的公共住房中，共同的苦难使家人亲戚和邻里乡亲紧密地团结在一起，成为一个共患难的大家庭。许多香港人认为，正是因为有了作为核心价值之一的狮子山精神，才促使他们在20世纪七八十年代创造了经济发展奇迹，将香港打造成世界亚洲金融中心。

黄家和先生在其著作《冲出香港好未来》中指出，一杯奶茶就体现了香港人的香港精神。黄先生是一家茶餐厅的第二代经营者，也是一位颇具影响力的茶商，担任香港咖啡红茶协会主席。他在书中详细介绍了制作一杯好茶所需的基本要素，以及这些要素所体现的香港精神——创新、灵活和团结。这些要素包括茶叶的调配、牛奶的选择以及本地茶馆使用的设备和用具，下文将逐项讨论。

首先，黄先生提到，香港精神的核心是创新，在奶茶制作过程中，调配不同等级类别的茶叶以提升茶味的做法正是发挥了创新精神，这样才使得制作出来的港式丝袜奶茶香味浓郁、口感丰富、质地丝滑，与英式奶茶明显不同。黄先生说，在20世纪50年代，在码头上劳作的工人勤劳节俭，会把残余的锡兰红茶片和茶粉收集起来。他们舍不得把这些残余扔掉，而是在下午三点一刻宝贵的茶歇时间，用这些碎茶叶给自己泡一杯浓香的红茶。小茶摊老板受到他们这种具有创新性的配方的启发，为了节约开支，大胆创新，用混合茶叶泡茶。这种将低端茶粉融入港式奶茶的创意，与我们从奶茶大师林先生那里了解的知识相符，也佐证了黄先生的观点，即将多种茶叶混合冲泡的做法体现了香港人的创新精神，在经济或资源都有限的情况下，能够想出有创造性的解决方案。

灵活是狮子山精神的第二个核心价值。冲泡一杯好茶所用的设备和配料，反映了香港人的高度灵活性。香港的铝制茶壶又细又高，这种独特的设计旨在适应小街摊有限的空间，确保茶叶和茶粉能够被完全浸泡在水中，在几乎完全密封的情况下，使茶水保持最佳的香气和味道（Huang 2011，69）。[9] 与茶壶配套使用的棉布茶袋，能够过滤掉微小的碎茶叶、毫片，甚至连细微的茶粉都能被过滤掉。大排档的操作空间和储存空间有限，为了克服这一问题，港式奶茶使用的茶杯都是可以被叠放在一起的，使用的炼乳可以在室温下储存，打破了英国人下午茶只能使用鲜奶的惯例。

　　狮子山精神的第三个核心是团结，与中国人"人情味"的理念密切相关。合作精神主要体现在茶楼和大排档的日常运营中。刘荣坡说："人情味实际上是一种感觉，一种能让你在繁忙的日常生活中感到放松的感觉，既能让你感到亲密、温暖，又不失自由和自主的私人空间。总而言之，是一种家的感觉。"（Yinlong yinshi jituan 2013，21）

　　过去在茶餐厅或大排档，顾客和员工之间关系十分和谐。前往茶餐厅就餐的顾客，经常和员工拉家常，好像一家人似的。如果哪个顾客说自己感冒了，员工就会给他推荐柠乐煲姜[①]，这是本地治疗感冒的一种偏方。高峰时段，一些忠实的顾客会主动帮忙服务。在大排档，顾客可以坐在茶水档（"茶水摊"）或路边茶餐厅点一杯正宗的奶茶，再从附近的面食大排档点一碗面。茶餐厅和面食大排档老板心胸宽广、灵活热

---

　　① 即柠檬可乐煲姜，有时会称为煲柠乐、热柠乐加姜或姜柠乐，一些香港居民在伤风或感冒初起时，会把加入老姜和柠檬的可乐煮沸后饮用，认为能够对伤风或感冒产生疗效。——编者注

情、愿意与人合作，正是这样的态度，不仅提高了他们的销量和收入，也为顾客提供了便利。不仅大排档和茶餐厅的员工具有与人合作的精神，顾客也有合作的意识。虽然茶摊闷热聒噪，卫生条件差，但顾客很少抱怨。许多顾客用餐时，会与来自不同社会背景的人闲聊，因此结交了不少新朋友。

第四个核心精神是，香港人能够巧妙地吸收各种文化的智慧，这也是香港人具有竞争力的重要原因。黄家和和刘荣坡认为，茶餐厅里供应的奶茶和食物，在生产和设计中都体现了中西文化珠联璧合的灵活性和巧妙性。1978年内地改革开放之前，香港是中国人了解外国的窗口。据说丝袜奶茶、西式炒饭和中式牛排就是中西烹饪智慧的结晶。本地人发明的饮料，如柠乐煲姜和鸳鸯奶茶就是两个中西合璧的创新典范，既遵循了中国传统的健康理念，又将中西烹饪理念有机融合。世界各地最流行的食品纷纷涌入香港，如中国澳门的猪扒包、日本的乌冬面、中国台湾的珍珠奶茶和马来西亚的斑斓蛋糕，充分体现了香港企业家对具有全球性和本地特色的食品的高度适应能力。

2003年重症急性呼吸综合征（SARS）暴发，香

第二章　牛奶公司、英式奶茶和瓶装豆奶

港本地茶餐厅经受住了严峻的考验。在此前后，约有2000多家餐馆和餐饮服务店倒闭。与之相反，茶餐厅的数量却从2003年的4000个增加到了2010年的6000个。2008年9月金融危机爆发后，许多酒店餐厅和高级中西餐厅受到影响，茶餐厅的生意却蒸蒸日上，甚至吸引了中产阶级顾客的光顾。尽管香港在许多方面获得了成功，但是黄先生还是表达了他对香港精神消逝的担忧："人们相互的包容性态度和香港精神正在逐渐消失。现在的年轻人傲慢自大，吹毛求疵，遇事即反。"（Huang 2011，4）

黄先生认为，香港人民目前面临的挑战日益增加；香港回归后，香港与内地之间的矛盾，就是因为香港新一代人民日益缺乏合作精神。黄先生认为，这一代香港人可能已经失去了狮子山精神。在这种情况下，茶餐厅不仅充当了提供特定风味美食的餐厅，更是如黄先生和刘先生所说，体现了一种文化现象，代表了狮子山精神，引领香港创造非凡成就的精神。

上述对奶茶的解读正是对一杯好奶茶的重新定义，同时对一名好茶客甚至一个好人赋予了新的意义。将狮子山精神蕴含在茶餐厅供应的食物和饮料中，食客消费时就能够主动沉浸于本地的饮食文化中，而不再只是单纯的工业化奶茶和全球化食品的被动消费者。这些饮食理念反映了香港良好的公民价值观，即合作、和谐、灵活、富有创造力和勤奋向上。早在世界各地掀起新自由主义浪潮之前，香港人就已经具备了自立、合作、灵活和务实的精神（Lau and Kuan 1988）。黄先生和刘先生从文化上构建奶茶和茶餐厅的故事，将其与香港的创造精神联系起来，中和了香港人顺从和消极的态度，凸显了本地人的"良好"品质——创造性、灵活性、适应性、务实性和包容性。将狮子山精神融入奶茶，旨在改变奶茶的象征性联想和文化意义，以达到刺激消费、促进社会稳定的目的，同时也在潜移默化之中向公众树立良好公民应有的形象。

然而，我们很快就会注意到，香港的年轻人并没有被动地将温和的狮子山精神、茶商和企业家倡导的宽以待人的道德价值观内化于心，而是赋予了奶茶和本地茶餐厅截然不同的意义，以体现他们的现代身份、社会阶层，甚至另一个版本的狮子山精神。有趣的是，与五星级酒店供应的昂贵但清淡的英式袋装茶相比，他们更喜欢浓郁芳香的丝袜奶茶，与其说这是因为他们受到家庭文化的渗透，不如说是因为本地艺术和流行文化浪潮为港式奶茶注入了新含义。接下来，我们就来探讨这一新含义。

## 奶茶的新定义：知识、责任和乐趣

在线杂志《奶茶通俗学》（*Milktealogy*）就是一个很好的例子，阐释了年轻一代是如何通过对奶茶的科学研究和亲身体验表达他们的现代性、道德感和自我认同。2014年，两位年轻的插画师和美食评论家，双胞胎兄弟崔曦和崔朗创办了《奶茶通俗学》杂志，旨在"探索茶餐厅文化，进而探索香港人的生活方式"（Yung 2015）。通过在线杂志，崔氏兄弟成功地将奶茶从日常饮用的一种简单饮料转变成为一门科学和艺术。他们通过设计新的分级体系，重新定义了一杯港式奶茶的审美标准；通过一系列描绘奶茶和办公室生活的幽默漫画，赋予了港式奶茶新含义；通过提倡将"喝慢茶"融入道德理念，以发扬本地文化，培养一种新型的地方认同。

崔氏兄弟可能是第一个把奶茶制作作为一门"科学"来研究的人。他们系统地收集了100多家小茶餐厅（大多数都是不为公众所知的小餐厅）的奶茶评级，创建了一个数据库。如网站名称"-logy"所示，崔曦和崔朗认为，丝袜奶茶制作中的隐性知识和显性知识可以且应该像酿酒学一样，作为一门"科学"被认真研究。自2014年以来，崔氏兄弟不仅收集了大量关于奶茶的数据，还收集了香港各地100多家茶餐厅和大排档（大多数是小型家庭店铺）的历史和相关轶事。

他们评判一杯奶茶和对奶茶的定级所采用的审美标准基于7个可量化的标准，每个标准有1—5个等级：热度、外观、香味、顺滑度、比例（茶和牛奶的比例）、口感丰富度和后味。香港资深美食作家及知名电视节目主持人，如蔡澜、欧阳应霁和苏施黄，会根据口味和口感对本地一些著名茶餐厅供应的茶进行介绍和评论（OuYang 2007），只是他们的评判没有标准依据，因此很难拿来作比较。法国著名酿酒学家埃米尔·佩诺（Emile Peynaud）指出，对酒等饮料的口味判断可能涉及许多品尝问题和感知错误（2005）。对奶茶的判断和分级，同样会受到评判者的生理、情绪状态以及外部环境因素的影响。崔氏兄弟撰写的调研报告，其优点在于，他们通过记录自己的判断过程，详细描述了味觉现象，如以下总结：

> 强兴奶茶（Keung Hing）被盛装在一个有两条红线的传统瓷杯里，配一把茶匙。初尝口感顺滑，但比较清淡。然而，慢品之后，放松静待，便可感受茶味回甘。坐在户外的茶摊上，眼望日渐褪色的茶摊招牌，欣赏着周边旧式但却充满活力的公共房屋，抿一口香茶，余味浓郁醇厚（*Milktealogy* 2016）。

虽然奶茶的定级系统是基于对奶茶的整体评估进行的一种客观定量评判，但是对奶茶"余味"的评判会受到品尝者情绪状态的影响，主要是指品尝者的物理环境，即个人独特的历史背景和记忆方面的差异。此外，崔氏兄弟发现，员工对顾客是否服务周到也会影响顾客品尝到的奶茶味道，这也是上文谈到的"人情味"的一个例子。

崔氏兄弟通过幽默、有趣又具有艺术性的插图形式，把奶茶描绘成中产阶级上班族的社交空间和欢乐源泉，他们成功地将传统奶茶文化中产阶级化，并将喝奶茶这一行为，从一种本地工人阶级的怀旧行为转变为一种时尚、现代且国际化的行为。在线杂志上的漫画，描绘了上班族的日常生活，传递了一个永恒不变的主题——"奶茶一杯，快乐起飞！（Milk tea makes my day!）"漫画的主人公是两个虚构的奶茶迷——本尼（Benny）和M小姐，本尼是一个欧亚中年男子，留着时髦的发型，穿着剪裁得体的黑色紧身西装，配一双黑色皮鞋。和香港许多办公室职员一样，本尼的工作虽然忙碌却十分单调。他最期待的事情也是他的快乐源泉，就是喝一杯美味的奶茶，或者在美女的陪伴下去茶餐厅吃饭。然而，由于他不熟悉茶餐厅文化，约会中总是出现各种尴尬的场面。相比之下，M小姐是一位迷人、讨人喜欢的办公室白领，她长着一双清澈的大眼睛，留一头乌黑的长发，喜欢美食和旅行，爱好网购和办公室八卦。她最大的愿望就是找到自己的白马王子，寻找最好喝的奶茶。漫画中描绘的奶茶代表的不仅仅是一种饮料，更是人们社交互动的一种体现，是一件令人们激动的事情，也是一种对情感、身份和生活方式的表达。这些漫画中融入了现代办公场所和社会现象喜剧,引发年轻人和上班族的共鸣——他们需要这样的能量,以应对日常生活中的压力,摆脱美国政治经济学家哈里·布雷弗曼(Harry Braverman)所说的由资本垄断造成的"劳动退化"(Braverman 1974)。

崔氏兄弟在Milktealogy.com①网站上强调,他们之所以能够常年不断地自主进行这个项目,就是出于他们对香港文化和本地社交活动的热爱,旨在记录逐渐消失的奶茶味道、故事和历史。他们在网上发了一些帖子,讲述了茶餐厅老板艰辛创业的故事,对奶茶的发明或改进,介绍了本地茶餐厅的其他招牌食品(如蛋挞和沙茶面),以及员工全心全意为顾客服务的故事。

崔氏兄弟在分享香港奶茶和本地美食相关信息的同时,就"什么是理想的市场"发表了自己的看法。在一次采访中,崔朗说:

---

① 《奶茶通俗学》的网站。

所谓的自由市场其实一点也不自由，整个市场都笼罩在企业垄断的阴影下……不应该总是把经济效益放在第一位。我们不希望看到有一天，满大街都是由机器以完全相同的配方制成的奶茶。即使机器能复制味道，也无法复制奶茶背后的文化和韵味（Yung 2015）。

崔氏兄弟没有选择迎合变化莫测的政策，也没有选择在社会变革的环境下保持沉默，而是通过他们幽默生动的漫画，表达了他们对高额租金的不满，正是这些如天文数字般的租金迫使许多别具特色的小型茶餐厅最终倒闭。因此，崔氏兄弟通过《奶茶通俗学》追求他们坚信的道德使命，维系茶餐厅文化的生命力。他们说："我们毫无创办茶餐厅和制作奶茶的经验，但我们可以利用我们之所长，通过艺术和创作的方式，为保护文化尽一份力量。"（Yung 2015）

他们认为，以艺术为媒介保护茶餐厅及本地的其他文化是自己的道德使命，创办在线杂志，以期做出改变，为社会带来希望。他们发布的帖子表达了他们对本地文化的坚定支持，如对本地语言（粤语）、节日食品和文学作品的保护。他们还举办了筹款活动以资助本地电影制作、本土音乐和社区服务的发展。他们所做的这一切，不仅使得他们的在线杂志受到香港和国际美食爱好者的喜爱，也受到了社会上年轻的有识之士的支持。这些年轻人一方面追寻马康纳（MacCannell）提出的"后台"感和对本地美食的真实文化体验，另一方面也会关心本地社会的发展（MacCannell 1973）。

无论是新闻还是在线杂志，通过这些对港式奶茶和茶餐厅的解读，我们可以看出，奶茶文化具体表现了知识、记忆和快乐的元素。人们认为，享用一杯奶茶的过程，就是了解特定茶餐厅的背景历史、泡茶方法以及食物背后集体记忆的过程。但是，一杯融合了"知识—记忆—快乐"的奶茶，从道德方面而言，与19世纪40年代外国牛奶供应的故事差别不大。虽然港式奶茶文化拒绝精英主义，但本地关于奶茶消费的论述，摒弃了英国最初制茶和饮茶礼仪规则，转而强调狮子山精神和对快乐的追求，并没有重新定义奶茶正确的饮用方式。食物能够建构社会阶层，构成对"好人"的定义，这些解读并未削弱食物在这些方面发挥的经验作用。企业家们宣扬的狮子山精神，强调白手起家、自律节制的精神，这也是香港人始终秉持的价值观，但新一代香港人强调的是对一个地方现有的味觉体验和非官方记录，同时规范正确的饮茶仪式——慢品，这有可能会进一步拉大阶级差异，工人阶级和下层阶级由于几乎没有时间和精力参与这样的仪式，从而被排除在外。

## 受殖民统治的历史、社会等级制度和饮食变化

本章以香港回归前鲜奶、豆奶和奶茶的兴起为例，探讨围绕全球化和食品文化政治的一些核心问题，即新市场如何接纳全球食品，这种接纳行为具有什么新含义。前面我提到，一位苏格兰医生将欧洲牛奶引入香港，与其说这是文化唯物主义所说的出于环境或经济的需要（Harris 1974；Harris and Ross 1987），不如说是出于政策和社会的原因。通过把水牛奶归为"不可食用"食品，把外国牛奶归为维持在港欧洲人身心健康所必需的"生命支柱"，万巴德爵士成功地获得了当时港英政府的财政支持，开办了一

## 第二章　牛奶公司、英式奶茶和瓶装豆奶

间乳品公司，将外国奶牛进口到香港（即使香港属于亚热带气候，根本不适合开办奶牛养殖场）。随着外国牛奶生产的工业化、外国医学教育的建立以及营养科学的传播，中国人改变了对身体和健康的看法以及对乳制品新等级的认识。

本章引言中介绍了一家有百年历史的茶餐厅和茶餐厅菜单上的牛奶饮料，这些牛奶饮料就是受英国殖民统治时期香港的缩影，反映了当时香港建立的社会等级新制度。如我们所见，蕴含营养科学和外国牛奶双重优势的新社会秩序也体现在"牛奶"的等级中：从最高级的、以前只有在港欧洲人有能力食用的"牛奶公司"瓶装鲜奶到由炼乳稀释而成、被本地人视为珍贵营养品的奶水。值得注意的是，如今大多数茶餐厅都不供应被排除在"牛奶"大类和社会等级之外的豆奶。香港本地茶餐厅以此方式对高端"牛奶"、"健康"食品和"正宗"奶茶进行定义，成为规范体面的饮食习惯的机构，促使社会阶层的形成。正是这些社会机构创建和维系了食物的等级分层（Douglas 1986）。此外，等级分层体现并强化了利益双方的权利关系（Foucault 1973），例如港英政府和香港民众之

间、外国实业家和中国企业家之间以及外国食物和本地食物之间的关系。

本章还诠释了全球化文化维度对本地文化复兴（Appadurai 1996）起到的推动作用，而非文化同质化作用（Ritzer 2019）。食品科学的全球化，并没有"摧毁"本地的食品文化（Featherstone 1995），而是促使本地文化重新分类、繁荣，形成差异文化。以香港为例，外国牛奶、软饮料和食品包装技术的全球化加强了西方医学、人、商品（奶牛和牛奶）、技术（灭菌、瓶装和包装）和（金融性、社会性、文化性和象征性）资本之间的相互联系，实际上也推动了本地豆奶行业的发展。营养科学的出现为"健康的""西式的"饮食提供了想象空间，营养科学所推崇的菜单包含大量牛奶，但没有中国豆奶，为本地创新（如稀释的奶水和港式奶茶）注入了新形式的文化资本，并形成了新的食物等级。

此外，从某种意义上讲，香港人对奶茶文化的解读，让香港人以新的方式重新思考"好公民"和"好社会"的评判标准。社会学家齐美尔（Georg Simmel）曾说："没有什么地方能让一个人像身处于大都市人群中那样感到孤独和失落。"〔(1903) 2002〕通过本地茶餐厅员工表现出的"人情味",奶茶文化促进了人与人之间的情感联结和人际关系,给节奏快、压力大、技术杂和令人倍感孤独的城市生活带来了意义和慰藉。这就是理想的食之道,颂扬友爱、身体感受、直觉意识和传统文化,与"牛奶公司"的鲜奶不同,这些食之道是无法用营养价值来衡量的。这种食之道也提倡快乐感受。在正宗的茶餐厅中品茶进食、拍照,在网上分享传统茶餐厅的食文化,制作漫画,都是品尝"正宗"本地食物的"道"。

尽管奶茶文化起初并非"高级",但凸显了正确饮食所蕴含的道德,宣扬选择本地美食是一种道德行为。对奶茶的解读形成了关于在哪里吃以及吃什么的规则,这些规则对社会阶级差异方面的规范作用并不亚于营养标准的规则,甚至可能作用更为显著。强调从本地美食中获得感官愉悦以及在茶餐厅体验人情味的做法,强化了品尝本地"正宗"食物的愉悦感受,使社会阶层在参与休闲活动方面的能力差异变成习以为常的现象。此外,奶茶的发展也加剧了不同世代对奶茶文化意义认知上的差异。自香港回归以来,香港的社会和政策都发生了巨大的变化，因此，提倡以合作为核心的香港精神，如老一辈茶企业家对奶茶的解读，以及年轻一代提倡发扬本地文化、倡导自由和身份认同，实际上都有助于提高喝奶茶和品尝本地传统食物的道德价值。这也提醒了我们，食物选择或饮食健康都离不开社会既定的标准，食物评价与阶级化的道德等级密不可分。然而，"牛奶公司"、豆奶和奶茶的故事，只是中国饮食发生剧烈变化的开始，人们从忌乳症转变为嗜乳症。在接下来的几十年里，虽然对好食物、好饮食和好人的定义会不断发生演变，但是对食物的解读仍会保留其道德功能，成为将食物、人格和社会身份联系起来的典范。内地在改革开放之后，人们对营养的关注、食品安全问题以及全球渴望让喝牛奶成为每个中国人的现代责任交织在一起，促成了中国的牛奶消费最显著的发展。

# 第三章

全球资本、本地文化及食品安全

2011年4月23日，广东佛山电视台播出了一个名为《牛乳人家》的电视节目，讲述了顺德传统牛乳制作行业走向衰落的故事。节目以大良的经济走向开放并成功转型为背景，为了突出鲜明的对比，节目首先播放了一些黑白照片，描绘了大良以前的风景：桑树成荫、养蚕织丝、百亩稻田、鱼塘交错，还有惬意休闲的水牛。很快，这些具有怀旧色彩的老照片被丰富多彩的现代场景所取代：玻璃幕墙的摩天大楼、各种小型电器的快速生产线展示出了顺德从一个农业基地迅速发展并成功转型的过程，佛山成为中国东南部最富有、工业化程度最高的城市之一。为了能让观众理解水牛在大良的消失是顺德现代化发展的必然结果，解说员解释，水牛对河流造成了污染，政府已经颁布禁令，禁止在大良饲养水牛。简短介绍之后，金榜村"正宗"牛乳制作人黄阿姨进入镜头，讲述了她40年来制作牛乳的故事。金榜村被誉为大良牛乳的发源地，在该节目播出时，牛乳制作工艺几乎失传。黄阿

姨穿着一件宽松的深蓝色中国旗袍风格的衬衫,这是她在牛乳作坊工作时穿的衣服。她讲述了自己制作牛乳的艰辛:

> 我做牛乳已经40多年了。我是金榜村正宗牛乳制作人,从16岁起就开始制作牛乳。现在,北方的农村和山区有许多人制作"假"牛乳,然后拿到金榜村出售。
>
> 牛乳的制作过程很辛苦。金榜村有一首民谣:如果你有女儿,不要让她嫁到金榜村。否则,她的草鞋上将沾满水牛的粪便。
>
> 现在没人愿意做牛乳;我的儿子和女儿也是如此。大多数年轻人只知道喝牛奶,对我们的牛乳一无所知。这也是为什么许多记者都想采访我。几个月前,我就接受了一个法国烹饪电视节目的采访,下周我还有一个采访。

这档充满怀旧色彩的电视节目展示了两个现象,一是金榜村牛乳生产和消费量大幅减少(我将在本章中探讨),另一个现象与之相关,即外国牛奶消费量增加。我以中国传统水牛奶和现代牛奶生产为视角，剖析中国接纳新食物的全球性和地方性因素，以及这些消费决策对道德和社会所产生的影响。我将在本章中分两个部分对此进行分析。首先，我将探索在人民公社制度下，传统水牛奶生产是如何转型的，以及在地方政府现代化建设的愿景下，水牛奶生产行业存在的生存问题。其次，我将分析推动全球化的各方力量对中国乳制品和乳饮料生产及消费所产生的影响。

中国新食物体系下的食品营销和食品监管策略不仅依赖于经验，同时也依赖于道德，基于这一观点，我认为乳品公司开展的营销活动旨在促进销售，用法国人类学家布尔迪厄的话说，这些营销活动给牛奶增添了一种新"品位"。布尔迪厄在对法国文化产品的研究中指出，"品位取决于现有商品体系的状态；商品体系的每一次变化都会引起品位的改变"（Bourdieu 1984，231）。在中国，围绕外国牛奶新品位的话语表达了人们追求健康身体和社会身份的理想。

然而不幸的是，中国掀起"牛奶革命"的过程中，出现了意想不到的食品安全新挑战以及新的社会等级制度和结构限制，对奶农和穷人的生活造成了影响。

## 牛乳文化的衰落

一个阳光明媚的下午,林阿姨完成了一天的牛乳制作工作后,与我分享了一个鲜少提及的故事,她向我讲述了过去50年来,水牛奶和外国牛奶生产机构和生产流程的变化。[1]林阿姨是大良镇北部金榜村资格最老、最受尊敬的牛乳手艺人之一。她的原生家庭以养牛为生,牛肉是家里的主要收入来源,水牛奶是补充收入来源。1949年以前,大良几乎没有人饲养进口奶牛,金榜村所有农民家里至少都会饲养两头水牛。林阿姨小的时候,家里养了大约20头水牛——8头成年水牛和12头小牛犊。每个家庭就是水牛养殖的基本生产单位,每人分工明确。林阿姨是家里年纪最长的孩子,负责准备草料、放牛和挤奶。她一天的工作如下:

> 每天早上,我三点就起床了。起床后我要做的第一件事就是把牛牵到河边,让它们泡半个小时澡。然后,我去打扫牛棚。早上5点,我和弟弟把牛牵回牛棚挤奶。挤奶是一个技术活,因为奶牛不会轻易让你碰它。首先你需要按摩它们的乳

房，用温水清洗干净，再用柔软的毛巾擦干，然后用手刺激牛的乳头直至泌乳。

为了给学校的老师准备新鲜牛奶，每天早上我把牛奶煮开后就立即装进40个消毒过的瓶子里。然后，我弟弟陪着妈妈把牛奶送到学校。到了11点，负责割草的伙伴会把草料送过来。[2] 我们把草彻底清洗干净，再喂给水牛。之后，我们再把水牛牵到河边泡第二次澡，中午再牵回来。下午两点再拉水牛去泡澡，到了三点再挤奶。下午5点半，送水牛去泡第四次澡，再喂一次草料。晚上7点，把水牛牵回家。水牛一天需要泡4次澡，帮助它们消化，促进泌乳。

林阿姨强调，她家生产的水牛奶质量之所以上乘，主要归功于他们给水牛养成的饮食习惯，以及家人对它们的精心照顾。她说：

> 水牛就是一个家庭的财富。过去，买一头水牛大概需要40元人民币，在那个时代可是一大笔钱。因此，谁家有水牛，都会把它当作家庭成员

一样对待。我们的水牛都吃得很好。草是优质草,而且我们会洗干净。此外,我们每天都给水牛吃煮熟的米饭,[3]10天喂一次蜂蜜鸡蛋混合液。这样不仅能够增加牛奶的香味,也能改善水牛的健康。每头水牛每天的产奶量约为10斤。此外,水牛感到"热"(指第一章提到的中国体液系统中的"热")的时候,尤其是在分娩后,我们都会给它们喝清凉的凉茶,配方和我们感到"热"时喝的凉茶相同,由橡树叶和黄芩等组成。[4]

学者和科学家们也认为,奶牛和水牛的饮食对其产奶量有一定影响。意大利学者克里斯蒂娜·格拉塞妮(Cristina Grasseni)关于阿尔卑斯山某地区的奶酪生产的民族志研究指出,最高产的奶牛,其饮食中除了干草、玉米、苜蓿草、饲料、维生素和碳酸氢盐以外,还要额外补充钙和葡萄糖。她还说,这些成分的比例会根据季节和营养学家的建议进行调整(Grasseni 2009,113,130)。中国水牛饲料的独特之处在于,其配方受到了中国医学理论的影响。

林阿姨说,除了水牛食用的饲料会对泌乳量有影响以外，水牛的品种不同，乳汁的质量也不同。虽然中国本土水牛的产奶量远低于进口奶牛，但据说水牛的产奶量比杂交奶牛更多，更适合制作牛乳。因此，顺德本地人通常不喜欢用杂交水牛的牛奶制作牛乳，但林阿姨说大多数消费者根本不知道两者的区别。[5]

林阿姨和许多有孩子的女性受访者都说，由于现代化和集体化生产，在20世纪60年代，有关本地水牛奶生产的相关信息几乎都消失了。最明显的变化就是，实施集体化生产后，本地水牛的数量从400多头骤减到60头。当时，金榜村有三个生产队；每个生产队有20—30头水牛，用于产奶。水牛数量急剧下降的原因复杂多样，但是我所采访的村民们都将其归咎于水牛养殖的集体化和牛奶生产新科学的出现。

林阿姨目睹了各项实验对畜牧业带来的有害影响，如改变水牛的饮食，以及集体饲养水牛带来的不良影响。为了实现国家发展和进步的愿景，本地政府官员为了增加奶牛的产奶量，开始在奶牛身上做各种实验。例如，一些地方官员尝试挤奶时在牛棚里给水牛播放音乐。然而，一听到音乐响起，水牛就会躁动不安，根本无法正常挤奶。除了改变水牛的生活环境外，本地政府还推出了新的饲料配方，但林阿姨说，这些配方并不合乎逻辑。还有一个更不可思议的例子，就是小水牛出生时，本地政府要求农民按照人类庆生的方式给小水牛们喝酒。林阿姨感叹，小水牛喝了酒立刻就会晕倒。那时，现代化生产的第三个方面体现在挤奶过程的机械化。那时，村里开始使用挤奶机器。然而，林阿姨说，水牛无法适应机器，寿命也会因此缩短。

此外，由于金榜村本地生产队采用的是工分制度，水牛的健康因此受到影响，逐渐恶化。工分制度极大地改变了人畜之间的关系。金榜村一位前生产队队长向我介绍了当时的奖励制度，即完成不同的任务便可获得相应的工分（这些工分可以在一定时间内换取某些物品）。割草工的工分最高，可以获得5个工分。割草的任务一般都会分配给年轻人，因为他们需要在番禺[①]或广州的农村过夜，要完成割草、打包、

---

[①] 1992年5月，国务院批准撤销番禺县，设立番禺市；2000年5月，国务院同意撤销番禺市，改为广州市番禺区。——编者注

再把草运回大良的任务。相比之下，妇女、老人和病人一般会被分配去照料水牛，按照本地领导的说法，这类工作更轻松。照料水牛的工分最低，只有一个工分。换句话说，农村集体化之后，饲养水牛和挤奶工作被分割为多个任务，由不同的人承担。这意味着人畜关系不再稳定，因此没有人在乎水牛的健康。正因为如此，20世纪50年代至70年代之间水牛数量急剧下降，水牛奶的质量也明显下降。

## 新土地政策

除了水牛奶生产的现代化和集体化之外，20世纪70年代末实施的新土地政策也是导致本土乳业衰落的一个重要因素。1978年，随着经济全面放开，顺德地方政府与中国东南部其他沿海地区一样，开始将政策倾向于第二和第三产业。根据当地政府发展经济的指示，顺德每个地区都开始大力发展自己的特色工业。例如，大良的特色就是生产小型电子产品。农村土地因而被广泛征用，用于建造工厂，同时工厂以极低的成本聘用了大量劳动力（Sonobe, Hu and Otsuka

2002）。到20世纪90年代初，大良大部分水牛养殖场都被当地政府征用，大大阻碍了水牛养殖业的发展。我采访了一位孙姓男子，他们一家三代都是以水牛养殖为生，但是由于新的土地政策，他不得不在顺德西北部的勒流连社租了一个地方饲养他的20头水牛和15头小牛。[6] 连社的水牛养殖场位于一条河和几个鱼塘之间，由一名中年男子所有，人们称其为塘主。除了孙家，还有其他19个水牛养殖户也是靠租地养殖水牛，其中有三家和孙先生一样来自金榜村。每块租地也就50平方米左右，只配了简单的养殖设施，如供应水和日常饲料的设施。

如今，孙先生和许多水牛奶农一样，由于自己的职业，在社会上的地位很低。在过去，水牛乳业是金榜村经济的重要组成部分。而如今，在本地媒体的宣传中，水牛通常被贴上了污染环境的标签，而养殖奶牛则被描绘成是农村的落后行为甚至是"不文明"的行为。有一个广为流传的故事说，制作金榜村牛奶时，"为了获得牛奶，必须杀死小牛"。奶农有时为了出售牛奶，的确会杀死公牛犊，这种做法在中国和西方国家的工业化牛奶生产中都有记载（Levitt

2018）。然而，林阿姨和孙先生都指出，他们从未杀死过自家养的小牛犊。只不过公牛犊两个月大后，就不让它喝母乳，而是喝粥。人们把这些公牛犊留下，要么用于日后交配，要么在市场上出售，也可以宰杀后卖牛肉。孙先生与我分享了一些他在经营水牛养殖业务时面临的挑战：

> 首先，在大良，水牛养殖被描绘成一种污染严重、落后的行当。我们的奶牛场被赶出了城市，被迫搬迁到郊区。1984年，我们的土地被政府征用。其次，顺德的水牛养殖没有环境保护方面的规划或适当的城市养殖规划。例如，离连社水牛养殖场不远的地方，就有一家生产摩托车的大型工厂。工厂没有采取任何污水处理措施，将大量污水排进水塘中。我和叔叔对此感到很无奈，却无处申诉。我叔叔说，这家摩托车厂是该地区最大的税收来源之一，也是顺德慈善机构最大的支持者，因此在本地政府的政策制定中享有一定话语权。

林阿姨证实了孙先生的经历,她说,虽然政府当时正在将牛乳作为城市遗产美食进行推广,但牛乳手艺人和水牛奶农并没有得到本地政府的财政或政策支持,不具备维系这一行业可持续发展的能力。在我进行实地调查时,30岁的孙先生,妻子是一位小学老师,育有一幼子。他背负着"农村人"的身份,被贴上了"没文化"的标签,因此他不希望儿子步他的后尘。

总之,传统水牛奶和牛乳生产方式的衰落始于20世纪60年代人民公社时期,原因首先是水牛奶和牛乳生产的现代化和集体化,其次是20世纪80年代实施的新土地政策。国家为了大力推进现代化,引入了新的挤奶机、实施了新的分工制度、新的水牛饲养方法和新的饲料配方,旨在提高水牛奶的产量和质量。随后,1984年进入快速城市化时期,由于水牛养殖与政府推行的工业发展计划格格不入,顺德大良的本地水牛养殖户又经历了一次结构性调整。由于新土地政策,大多数水牛养殖户失去了自己的农场,不得已将水牛养殖场迁移到了大良郊区。更糟糕的是,顺德媒体在宣传过程中,总是刻板地给水牛养殖户贴上"落后"的标签。我们将在下一部分探讨推动外国牛奶在中国生产和消费飙升的本地和全球因素及其产生的道德和社会影响。

## 外国牛奶在中国的崛起

虽然本地水牛奶的产量有所下降，但自20世纪80年代以来，在第一波经济改革浪潮的推动下，外国乳业在中国西北部却得以稳步发展，并于20世纪90年代末迅速扩大。与此同时，由于各种政策、经济和文化原因，中国人对液态奶的需求激增（Hu et al. 2012）。

19世纪中叶，中国被迫陆续向西方列强，如英国、法国、德国以及美国等国开放对外贸易和居住权，建立通商口岸。与19世纪末香港的情况类似，欧洲人首先在这些通商口岸建立了西式奶牛场，养殖进口奶牛（*Encyclopedia Britannica* 2017）。这些农场使用的大部分奶牛都是直接从欧洲进口的。正因为如此，城市的乳业最初主要集中在中国的通商港口，也就是大多数外国人居住的地方。1842年上海成为开放港口。1870年，上海引入了欧洲的奶牛品种。19世纪末起，外国传教士把奶牛引进了天津（Ke 2009，

73)。几乎同一时期,在日俄战争期间,日本人和俄国人把奶牛引入了大连(Dalian City Dairy Products Project Office 2000)。

1949年中华人民共和国成立后,一些以前为外国列强所有的大型乳品公司被纳入军垦农场政府结构,转型成为国内乳业支柱。这些国有乳品公司生产规模稳步增长,可能是因为能够优先获得国家的财政支持和其他资源支持。首先,军垦农场作为国家军队粮食和资源的供给单位,通常具有获得国际支持和资金方面的优势。例如,1949年之前,光明乳业有限公司(后文简称"光明")[1]的前身海宁洋行有一半以上的奶牛(超过100头)都是战后由联合国捐赠的(Ke 2009,74)。其次,一些国有乳品公司,如黑龙江省的完达山乳业股份有限公司(后文简称"完达山"),得到了政府直接授予的技术开发资格。1963

---

[1] "光明牌"于1951年诞生,隶属上海益民食品一厂;1956年,上海牛奶公司成立,益民食品厂的奶粉生产并入牛奶公司;1996年,上海市牛奶公司与上海实业集团合资成立"上海光明乳业有限公司";2000年,上海光明乳业有限公司完成股份制改制,更名为"上海光明乳业股份有限公司"。——编者注

年，毛泽东提出，为了确保儿童健康成长，应促进肉类和牛奶的生产。不久后，完达山开始产业化。第三，在20世纪60年代之前，这些国有乳品公司都有来自政府的稳定订单，如军队和学校的订单。国家政府也会让国有糖业、烟酒公司从这些企业采购牛奶。第四，国有乳品公司能够吸收本地资源，提升牛奶加工能力，利用国家贷款建立新的养殖场（Ke 2009）。

改革开放之后，在政府的主持下，现代国有乳业依然享有优越的国际和本地资源，以及国家其他重要部门的订单保障。这种独特的政策优惠极大地促进了国有乳品公司的发展。再以光明为例，1985年，该公司获得上海地方政府的批准，利用联合国世界粮食计划署的资金支持，于1985年至1987年期间建立了一座牛奶加工厂，预算为855万元人民币。与此同时，光明还获得了政府4000万元的无息贷款，用于在市郊发展乳业。再者，光明还得到了政府免费提供的钢铁、木材、水泥和玻璃等建筑材料支持。在国家和国际机构的大力支持下，1996年光明的市场份额在中国液态奶总市场中占比高达30%（Ke 2009，86）。

尽管如此，值得一问的是：如果中国的牛奶供应在20世纪80年代就已经发展起来了，那么为什么牛奶消费量的激增却始于20世纪90年代末？就这个问题，我将在后文通过4个方面，即全球资本流动、现代食品和包装技术、营养科学的传播以及营销影响之间的相互作用探讨全球化和地方力量的互动。本章结尾部分，我将详细阐述在政策环境下和中国国家现代化愿景下，这些全球和地方力量在塑造牛奶意义、健康理念和社会身份意义方面的相互影响。

## 地方政府与全球资本

从20世纪90年代末开始，中国对鲜奶的需求量激增，这与在改革开放政策推动下，牛奶产量的大幅增长和乳品公司积极进行的营销活动密切相关。在一些大型乳品公司制作的广告中，中国的内蒙古自治区展现出的总是晴朗的碧空、郁郁葱葱的草原，牛羊成群的景象。然而令人惊讶的是，在20世纪90年代之前，以内蒙古伊利实业集团股份有限公司（后文简称"伊利"）和蒙牛为首的企业理应受惠于新政策，刺激乳业发展，却始终未在当地建立任何大型工业化牛奶厂，也没有从外国进口奶牛。

为了促进国内生产总值（GDP）持续增长，中国政府大力推行多种经济政策，并于1994年实行分税制改革，这些都是刺激中国牛奶产量增长的重要因素。自改革开放以来，中国一直采取的是务实经济政策。自分税制改革以来，政府制定了每年各方面的增长目标，包括税收、投资、就业和国内生产总值的增长目标，此外还明确了促进社会稳定和实施独生子女政策等非经济政策。地方官员签署绩效合同，并承诺实现设定的目标（Teets 2015；Yu 2012）。例如，如果中央政府设定今年的增长率为8%，那么地方官员就需要实现这一目标。然后，他们必须制定自己的详细指标，例如需要修建多少奶牛场，饲养多少头奶牛，才能实现政府的目标。如果未达到政府设定的目标，官员可能就会面临被卸任、减薪或降级的惩罚。资深投资家温斯顿·莫（Winston Mok）指出，中央和地方政府在资源和责任方面存在不平衡。地方政府当时得到的财政拨款只有50%多一点，但支出就占了财政收入的80%以上（Mok 2015）。这一切都说明，自1994年以来，中央政府虽然强化了地方政府各部门在经济发展中的政策制定权，但与此同时，也将经济负担转移到了地方政府。

为了完成中央政府设定的国内生产总值目标，河北省石家庄市和唐山市政府以及内蒙古自治区政府把乳业作为发展经济的潜力支柱产业（Xiu and Klein 2010）。为了增加区域产出，这些地方政府充分利用国家的优惠政策，大力支持本地乳业的发展，例如鼓励农村个体户饲养奶牛（Tuo 2000）、支持龙头企业的发展。他们还采取了奶价和饲料补贴政策，如"以粮换奶（补贴平价饲料）"（Chongqing Municipal Dairy Industry Administration Office 2000），降低税率，以发展和吸引本地人和外国人投资发展乳业（Chen, Hu and Song 2008）。

此外，政府颁布了扶持企业公开上市的政策，这也是内蒙古牛奶产量迅速增长的另一个原因。2011年，内蒙古乳业创造的利润占了行业总收入的19%以上（Beckman et al.2011）。例如，蒙牛在1999年的总投资仅为13亿元人民币（Peverelli 2006, 114），而在2002年，摩根士丹利资本国际公司（Morgan Stanley）、鼎晖投资（CDH Investments）和中国合伙人与蒙牛共同签署了一项协议，购买蒙牛32%的股份。随着新一轮外资的涌入，蒙牛的营销支出从1999年的500万美元大幅增加到2002年的2.63亿美元，公司的市场份额迅速扩大。蒙牛采用"先建市场，后建工厂"的战略，5年内就成为家喻户晓的企业，并于2004年6月在香港联合交易所上市。[7]简而言之，权力下放以及实行分税制后，地方政府有了新角色和任务，中国北方偏远地区的牛奶产量激增，同时也创造了对牛奶的新需求。

## 牛奶生产技术与食品包装

虽然地方政府给西北地区乳业的发展提供了经济激励政策，但是如果没有现代牛奶生产技术和新型食品包装技术，牛奶的市场占有率也不会达到那么高。现代包装技术，即超高温灭菌和传统巴氏灭菌工艺，不仅可以消灭牛奶中的致病菌，还能使易腐的牛奶在室温下储存长达8个月的时间，易于长途运输，降低了成本。20世纪90年代，牛奶之所以未能在中国普及，主要是存在两大障碍，首先是缺乏冷藏设备；其次，

第三章 全球资本、本地文化及食品安全

中国农村地区路途遥远，长途运输易腐的牛奶成本高昂。20世纪90年代末，中国约有70%的人口生活在农村（National Bureau of Statistics of China 2018a），只有约1%的农村人口和40%的城市人口使用制冷设备（National Bureau of Statistics of China 2018b）。此外，在当时就算条件允许，将中国北方生产过剩的牛奶运输到对鲜奶需求较为集中的沿海城市，其物流费用也是极其昂贵的。

牛奶加工和包装新技术不仅使消费者能够更方便地储存牛奶，同时也降低了乳品公司生产、储存和物流管理方面的成本，有条件将牛奶运送到距离遥远的市场。因为有了超高温灭菌包装技术，"新鲜"牛奶能够从中国北方通过长途运输运送到南方；而现代食品科学的发展，为改变"牛奶"成分创造了可能。在广泛采用工业超高温灭菌技术之前，"新鲜牛奶"的包装大多使用的是玻璃瓶或塑料袋，通常都是无任何添加剂的巴氏灭菌牛奶。如今，只要生牛奶中蛋白质的含量和细菌数的标准符合规定标准（蛋白质含量至少为2.8%，细菌数不超过200万/毫升），一盒经过超高温灭菌处理的新鲜"牛奶饮料"中的成分，可能包括各种牛奶或非牛奶，如原奶、奶粉、乳脂、豆奶、维生素、矿物质、防腐剂、调味剂和着色剂。例如，蒙牛专为儿童设计的"未来之星"牛奶中，就添加了牛奶蛋白和低聚糖，以满足国家要求。换句话说，由于现代食品科学对"牛奶"的定义有所扩大，质量低下的生牛奶也可以用作牛奶蛋白，以满足政府的要求。虽然农民的饲养技术和储存设施不够先进，但是由于生产技术门槛较低，使得越来越多的农民有能力生产牛奶，从而迅速提高了中国西部和西北地区原奶的生产能力（Hu et al.2012）。更重要的是，中国本土乳业巨头不再需要依赖本地奶农的原奶供应，而是可以在全球范围内采购低价原料，用于生产奶粉和牛奶，因此生产成本能够进一步降低。

所有这一切促使中国乳业生产链完成转型，以及乳业巨头急剧转移，从北京和上海的老牌乳业巨头，如光明（目前总市场份额已降至第四位），转移到了西北地区新成立的乳品公司，如处于领先地位的蒙牛和伊利（Marketline 2017）。此外，如果没有利乐包装的出现，以及生产技术从瓶装牛奶到超高温灭菌生产的转变，也无法满足中国南方对液态奶的需求。

尽管光明和伊利分别于1994年和1996年从瑞典利乐拉伐控股信贷有限公司（Tetra Laval Holdings Finance SA）引进了超高温牛奶加工设备，但从这项技术中获益最大的还属蒙牛（Ke 2009，107）。根据记者柯志雄对乳业发展的研究，1999年中国乳业在无菌包装设备和生产上投入的成本为2.5亿元人民币，是巴氏灭菌牛奶包装成本的8倍（2009，108—109）。在财政资源有限的情况下，如果利乐公司没有和蒙牛合作，并为其提供专门包装服务，蒙牛将无法生产超高温液态奶。此外，在此期间，利乐公司也在试验一种枕形设计新包装，用于替代传统的盒式包装。利乐枕包装成本相对低，但是牛奶保质期较短，只有45天，而使用超高温无菌纸包装的牛奶，保质期可达到8个月。利乐公司主动提出为新客户免费提供两条生产线，蒙牛正好赶上了这一优惠。蒙牛牛奶使用了特殊的枕形包装后，在市场上成功推出，售价仅为使用超高温灭菌纸包装的伊利牛奶的一半，因此迅速垄断了市场。使用这种低成本的超高温灭菌包装，蒙牛的整体竞争力有所提升，并以指数级的速度扩大了其在市场中的份额。超高温灭菌牛奶很快在中国大中型城市的市场上被广泛销售。根据中国奶业协会的数据,超高温灭菌牛奶的产量显著提高,从1999年的200万吨增长到了2004年的4800万吨。与此同时,超高温灭菌牛奶在液态奶产量中所占的比例从1999年的20%增长到2004年的近60%,充分体现了食品包装在中国牛奶生产和消费激增过程中发挥的战略作用(Sun and Zhang 2005)。

## 营养科学与公共卫生

要是消费者没有意识到乳制品的益处,单靠增加低成本的牛奶供应,是不可能将牛奶自动转化为市场需求的。20世纪90年代末和21世纪初牛奶消费量的增长,离不开医生、护士、公共卫生工作者和政府公共卫生部门官员所掌握的大量营养科学知识,与此同时,出于对道德、商业和国家建设问题的担忧,他们快速吸收了有关健康和健康饮食方面的新观念。程医生是一位经验丰富的儿科医生,曾在香港儿科医学会(Hong Kong Pediatric Society)担任高级官员。她告诉我,中国营养学会在21世纪初制定的饮食指南发生

第三章　全球资本、本地文化及食品安全

了重大变化，增加了牛奶。她说，发生这一变化首先是由于中国医生和营养师在参加国际会议时加强了沟通，其次是因为国家开始迫切关注现代化进程中人口的健康问题。新的饮食指南从根本上来说，类似于20世纪70年代首次在瑞典发布的"营养金字塔"模型。根据中国营养学会2011年发布的《中国居民膳食指南》，母乳喂养和中国传统饮食习惯都存在一定的健康风险。这份新的膳食指南推荐将牛奶作为所有人的日常饮料，认为日常饮用牛奶对幼儿、青少年和老年人尤为有益。

这份膳食指南大力宣扬牛奶的种种益处，很大程度上是国内外乳品公司努力游说的结果，这些公司投入了巨额资金，研究配方奶粉和母乳的特性和效果，创造了看似客观的科学知识。国家和乳品公司通过赞助科学研究和研讨会的方式，控制牛奶的生产方式和人们所能获取的科学知识，从而获得高额利润（乳品公司直接获利，国家间接获利），国家能够从国有乳品公司获得更高的利润和更高的税收，同时通过培养能够在全球经济中取得成功的"高素质"人才实现建设强国的愿景（Greenhalgh and Winckler 2005，280）。

## 中医传统、美容资本和社会阶层

中国牛奶消费的快速增长不仅仅是由于外国营养科学的兴起、国家对儿童健康成长的愿望以及政府对乳业的支持。中国之所以能够开拓出牛奶新市场,还有一个关键原因是,牛奶的开发是以中国传统饮食理念为基础,再结合外来的营养科学以及强大的营销手段,燃起了为消费者解决最紧迫的健康和社会问题的希望。许多中国父母认为牛奶和乳制品这些外国食品能够促进儿童身体健康生长;此外,女性也会购买牛奶,因为她们认为根据中医理念,牛奶具有美容的功效,有益健康,帮助她们实现自己的目标,拥有现代身份。[8]

例如,中学教师南燕,20多岁,每天都会带一包添加了黑豆和谷物成分的蒙牛牛奶以及一片披萨到学校作为早餐。她说她一般是这样安排自己的一日三餐的:

> 在我奶奶和母亲那一代,顺德人早餐通常吃得非常简单——稀饭、油条,配上几片咸牛乳。

而现在，我们的选择更丰富也更营养。再说，像我这样的年轻人，每天上班根本没有时间吃那样的早饭。今天早上上班前，我在家蒸两根玉米。午餐我就吃这两根玉米，喝一包草本酸奶饮料。夏天快到了，我希望能苗条一些。我知道黑豆酸奶有减肥功效。

文华博士在对中国整容手术的研究中指出，在竞争激烈的服务型城市，拥有一个美丽且年轻的外表，几乎已经成为女性获得高薪工作和较高社会地位的基本条件（Wen 2013）。2014年波士顿咨询集团（Boston Consulting Group）的调查结果显示，许多受过良好教育的中国城市居民更加注重美容和健康资本，喜欢购买符合中国传统医学原理的产品。他们的研究发现，成熟消费者对中药尤其情有独钟，在大城市，55%的顾客都喜欢中药产品，而在小城市，此比例仅有35%。这在很大程度上是因为有文化的消费者更担心西医非处方药物的副作用。相比之下，相对不那么成熟的消费者认为，西医产品在零售店就能轻易买到，比类似的中医药效果更佳，服用方式也更简便

（Wu et al. 2014）。

南燕提到的草本酸奶饮料或草本牛奶饮料就是一个很好的例子，说明人们已经成功地利用中医原理开发出了各种乳制品，女性为了美丽，获得其他社会效益，会选择食用这些乳制品。2007年，河北君乐宝乳业集团开发了一种新型风味酸奶饮料，融合了传统中药原理，推出了红枣酸奶。如第一章所述，按照中国传统的健康理念，根据阴阳理论和五行学说，食物可以分为"热性"和"凉性"两大类（Porkert 1974; Unschuld 2010）。虽然牛奶富含蛋白质和钙，被广泛认为是一种营养丰富的食物，但在中国人的体液系统中，牛奶属于"凉性"食物，如果直接食用，会对健康不利。但是牛奶的"凉"可以通过加热来中和。此外，牛奶的"凉"还可以通过吃滋补（热补）食物来平衡，如红枣和花生，这两种食物传统上都被认为具有"活血"功能，为"热性"食物。由于红枣酸奶饮料在市场上取得了成功，人们又陆续开发出了添加其他红色或滋补成分（如枸杞、莲子和阿胶）[9]的酸奶产品。

君乐宝将中医理念应用于酸奶饮料中，其产品在乳制品市场上大受欢迎，激发了其他乳品公司探索将中国传统医学理念与自己生产的牛奶相结合，并推出相关产品的营销策略。从商业角度来看，将中医理念应用于乳制品开发中，其优势之一是，可以满足细分客户群的需求，功能更丰富。客户根据年龄、性别、职业和心理信息（如生活方式）等人口统计数据，以及个体自我感知的"寒—热"体质可被分为多个不同群体。2008年，光明根据著名的中医典籍《本草纲目》开发了"汉方草本酸奶"系列，包括"沁凉""润颜"和"养元"三种新产品，都是为不同体质量身定制的酸奶饮料。"沁凉"酸奶中添加了罗汉果、百合和菊花，具有沁凉降火的功效。大多数年轻人"体热"，脸上易长痘，容易喉咙痛，这种酸奶能够起到"降热"的作用。"润颜"酸奶以女性为目标客户人群，由于女性通常"体寒"，这种酸奶中添加了红枣、枸杞和桑葚，富含抗氧化剂，有助于促进血液循环，而良好的血液循环是保持年轻和美丽的关键。最后，"养元"酸奶中添加的是茯苓、薏仁和佛手，具有恢复活力的功能，特别适合虚弱的老年人。总的来说，"养元"酸奶饮料中添加的每一种成分都有益于健康，能够恢复身体活力、改善睡眠质量以及增强心脏功能。将中国传统医学理念融入酸奶饮料中，赋予酸奶多样化的功能和含义，这一营销策略非常成功，该系列的销售额比以往推出的产品销售额高出了三倍（*China Business News* 2008）。

乳品公司除了承诺喝酸奶能够"促进血液循环"增强女性消费者的美容资本外，还利用"苗条即美丽"和"健身即健康"的全球共识研发产品。许多乳业巨头都根据传统中医理念开发了运动型、低热量、增食欲的代餐系列牛奶。例如，蒙牛根据五行学说开发了一种谷物牛奶新系列，可以作为代餐食用，宣传具有美容和减肥效果。五行，即水、火、金、木和土，是构成人类世界最基本的元素。食物的5种颜色（绿色、红色、黄色、白色和黑色）正好与五行中的元素一一对应（绿色—木，红色—火，黄色—土，白色—金，黑色—水），也可以与人的五脏（肝、心、脾、肺和肾）相对应。蒙牛在牛奶产品设计中融入了中国的五色原则，重新诠释五行与五色学说，生产出了红色系列——牛奶加红米、红豆和小米（具有补血功效），以及黑色系列——牛奶加黑米、黑豆、黑小麦、黑芝麻和小米（具有减肥效果）。五色系列牛奶上市后取得了成功，激发了其主要竞争对手维他奶，后者也开发了类似产品，如黑豆牛奶和黑豆豆奶。

草本牛奶和酸奶饮料的广告所要传递的核心信息是，消费者食用这些饮料，无论男女，都能获得理想的身材——苗条、美丽（或英俊）、健康、年轻，同时描绘并塑造了现代中国人应有的形象。蒙牛推出了草本牛奶产品"新养道"（一种专门为乳糖不耐受人群研发的液态奶，添加了红枣、阿胶和枸杞）和一种酸奶饮料"GO畅"。这两种产品体现了一个理想的现代人管理自己身体的方式。2009年，在海南拍摄的蒙牛"新养道"60秒电视广告中，观众看到了参演了《卧虎藏龙》和《艺妓回忆录》等电影的美丽的知名女演员章子怡，穿着优雅的白色长裙，戴着丝绸般的红色围巾——分别象征着牛奶的白，红枣和枸杞的红。舒适的海滩，银色的美景，章子怡沉浸在惬意中，分享了自己对健康、工作的观点以及美好生活的秘诀："无论在工作中还是个人生活中，我都想竭尽全力。然而，这种想法让我倍感压力。因此，我每天需要摄入正确的食物（如牛奶）来滋养我的'气'和身体。"

章子怡在广告中的独白,以及广告中播放的她作为演员和模特时的一些工作照片,不仅暗示了广告中牛奶的滋养功能,也树立了当代中国女性的理想形象——聪明、美丽、机智,有自己独立的空间和时间。这也预示着现代女性应该学会关爱自己(J.Wang 2008,78)。广告还传达了一个信息:每个人都要努力工作,购买广告中的牛奶,这样才能永葆青春美丽,获得成功。

在当代中国,保持苗条、美丽、健康不仅是女性的义务,也是男性的义务。蒙牛2018年的酸奶饮料"GO畅"产品的广告就体现了这一点。广告中,一位体型肥胖、动作笨拙的男子在日常生活中由于体态尽显尴尬(比如无法通过狭窄的地铁入口,艰难地从游泳池的滑梯上滑下来),而年轻阳光、身材健康的偶像与他形成了鲜明的对比。该产品的名称,简短精练、引人注目,由英语和汉语单词(英语"go"和汉语"畅")组合而成,畅与"肠"谐音,构成一个双关语,畅是指顺畅无障碍。这个产品的名字寓意保持肠道通畅,有益健康。因此,广告暗含的意思是,若要顺利实现人生目标不受任何阻碍，就要喝"GO畅"定期"清理"肠道，特别是吃完大餐之后更要保持肠道通畅。

在内地，20世纪90年代末形成了一种风气，倡导自力更生，通过消费改善健康、获得成功和幸福。而这种风气盛行时，正逢医疗费用不断上涨的时期。20世纪70年代末，许多工厂倒闭，由于20世纪八九十年代的一系列经济改革，致使这些工厂无法继续生存。到1999年，只有49%的城市居民和7%的农村居民拥有医疗保险（Sun, Gregersen and Yuan 2017）。许多人根本负担不起治病的费用。

与此同时，在中国的富人群体中，越来越多的人患上生活方式病。2014年，一项针对年龄在18岁至24岁受访者的调查发现，有30%的人患有各种生活方式病（Wu et al. 2014）。许多人抱怨自己失眠、感到疲劳、身材肥胖，而且经常生病。73%的受访者表示，他们愿意支付比全球平均水平高出12%的价格，购买更健康的产品。

此外，蒙牛通过支持政府项目和从事各种慈善事业，为自己树立了一个对社会负责和爱国的企业形象，中国人对国家未来的繁荣充满希望，蒙牛借此与客户建立社会心理联系。为了支持"让每个中国人每天喝上一斤奶"的梦想，蒙牛在2006年为贫困地区500所小学和6万名学生捐赠了为期一年的每日牛奶。几年前，也就是在2003年，蒙牛为抗击"非典"捐款1200万元人民币。

我采访的一个顺德人告诉我，一提到牛奶，他就会联想到蒙牛和蒙牛举办的各种慈善活动：

> 我还记得2006年，政府希望每个学生每天能喝到500克牛奶。蒙牛是第一家采取行动的乳品公司，立即为500所学校提供免费牛奶。当时听说蒙牛的这一举动，我非常感动。

为了加强爱国主义情怀与牛奶消费之间的联系，乳业巨头都将其营销活动与最重要的国家大事或成就结合起来。自2005年以来，伊利一直是中国奥运代表团的主要赞助商之一，赞助了几名中国运动员和奥运会冠军，甚至聘请了当时的110米栏世界纪录保持者刘翔作为品牌代言人。同样，为了庆祝"神舟五号"

飞船胜利返回，蒙牛创作了一系列广告，一方面是为了促进其自身产品的销售，另一方面也是宣扬中国的技术进步和国威。伊利和蒙牛通过支持政府的重大举措，为国家建设添砖加瓦，并将自己打造成对社会负责、爱国爱民且有威望的公司，成功地树立了"有爱心、有信誉的创始人"品牌形象，因此客户消费其产品，就是有责任心的公民。[10]

简言之，中国突然提升对牛奶的兴趣，不可能仅仅是因为中国北方牛奶产量的激增和牛奶包装新技术，还与医药等因素有关：在中国积极推广营养科学的医疗机构和医生；乳品公司和制药公司通过向客户灌输健康管理和塑造理想身材的思想，成功推销其产品；对中医理念和营养科学进行巧妙结合，研发对症下药的产品。中国受过教育的年轻中产人士最喜欢的早餐，就是根据中医理论设计的含有中药成分的牛奶，再搭配面包，这揭示了一种建立在生活方式和消费基础上的新身份，有别于上一代人和仍不成熟的社会群体。根据法国哲学家鲍德里亚（Jean Baudrillard）的消费观（Bocock 1993，67），这是一个牛奶购买者通过展示消费乳制品的能力"积极参与创造和保持身份感"的过程。

虽然中国的乳业巨头降低了牛奶的价格,使普通大众有能力消费牛奶,但牛奶生产从家庭农场向大型工厂化乳品公司的巨大转变引发了一系列道德问题:特别是经济实用主义以及大型乳品公司对各自地方经济的重要性日趋上升,这会对中国的食品安全产生什么影响?这个问题十分重要,我将在后文进行探讨。

## 全球资本、国家愿景与食品安全危机

如上所述,中国液态奶消费量突然激增的原因之一是,国内外投资者(包括国际乳品公司)蜂拥而至,中国北方的牛奶生产规模迅速扩大。自21世纪初蒙牛和伊利在证券交易所上市以来,中国的牛奶产量就一直持续增长。值得注意的是,2009年,中国国有食品加工企业中粮集团(COFCO)和私募股权公司厚朴基金管理公司(Hopu Investment Management Co.)共同投资约7.8亿美元,收购了蒙牛20%的股份。此外,外国乳品公司的投资也刺激了本地乳品公司数量的增长。据记者格温·吉尔福德(Gwynn Guilford)

的报道,为了帮助中国乳业发展,中国对外国乳品公司采取了一系列激励政策(2013)。2013年,《彭博商业周刊》(*Bloomberg Businessweek*)的一篇文章报道称,瑞士雀巢公司"正在与地方政府、银行和投资者合作,以加快中国乳品公司的整合",而法国达能集团(Danone)在2013年购买了蒙牛4%的股份,以改善蒙牛婴儿配方奶粉的生产流程(Guilford 2013)。截至本书撰写时,许多外国乳品公司都持有中国主要乳品公司的股权。例如,丹麦-瑞典牛奶集团阿尔乐(Arla)目前持有蒙牛31.43%的股份;2014年,恒天然集团(Fonterra)又向当时在中国处于领先地位的配方奶制造商贝因美股份有限公司(Beingmate)投资6.15亿美元,完成了一项"改变游戏规则"的新交易(*New Zealand Herald* 2017)。

事实上,在过去的几十年里,维护食品安全体系一直是中国政府建设和谐社会的首要任务之一,也是国家未来社会经济发展的愿景(Chan 2009)。值得注意的是,1992年,中国成立了中国绿色食品发展中心(China Green Food Development Center),该中心负责监管食品的生产与开发,对农药、肥料和其他添加剂的使用标准制定了更严格的要求，为合格产品颁发"绿色食品"证书。21世纪初，中国政府推出了两项国家批准的产品和品牌质量标准——"中国名牌"[11]和"国家免检"证书。蒙牛和伊利是乳业第一批被中国政府授予"中国名牌"称号的企业。这些企业还成为"国家免检"单位，享有免于政府定期检查的特权，意味着这些企业值得信任，有能力做到自我监管。这些国家认证有两个目的：提升中国制造产品在国内外市场中的形象；降低这些企业的运营成本，促进其快速发展。然而，依赖于食品企业自我监管的食品安全体系是有风险的。按照政治评论家和历史学家托马斯·弗朗克（Thomas Frank）的"极端资本主义"逻辑，这种做法是失败的，因为在这种情况下，企业会将盈利和扩大规模置于可持续发展之上，即置于奶农的生计、生态环境和消费者的健康之上。"极端资本主义"正在世界各地蔓延（2000）。

美国营养政策顾问玛丽昂·内斯特莱（Marion Nestle，与瑞士雀巢公司无关）就提醒我们，乳品公司长期以来一直不断通过游说的方式影响美国乳业的规章制度（Nestle 2002，81）。

## 健康的现代中产阶级与不幸的农村"他者"

由于经济发展以及人们生活方式逐步转变,中国的饮食从经典模式(以谷类和低脂菜肴为主)转为动物性食物逐渐增加的模式,虽然在传统的公共卫生文献中,这种转变被解读为一种自然的"进化"(Du et al.2002;B.Ng 2017),但我认为,这种饮食方式的巨大变化是国家和企业结盟形成的牛奶新体系取得成功的结果。

原因在于,建立新的牛奶体系是中国战略性政策的一部分。英国下议院中国外交事务委员会专家顾问、英国皇家联合服务研究所研究员彭朝思(Charles Parton)指出:"中国共产党作为领导核心受到拥护是基于多方面因素,第一个就是经济因素,它保障人们的生活得到改善。"彭朝思还说:"肉类曾是中国人偶尔才能享用的奢侈品;牛奶基本买不到,所以现在如果你能经常吃到肉类和牛奶,就会感到自己很富有。"(Lawrence 2019)也就是说,外国牛奶的兴起和传统水牛奶的衰落不仅是现代化进程中的自然进化过程,也是在市场和国家现代化建设的推动下,现代食品生产取得胜利的过程。这一转变为中国公民，尤其是妇女带来了希望，解决了许多现代问题，并在国家现代化建设的愿景中设立了新的社交界限。

在现代中国，牛奶生产规模的急剧扩张也引发了明显的伦理问题：贫富阶层之间，乳品公司和小规模奶农之间是否存在新的、不平等的权力和风险分配？对传统水牛奶和牛奶文化的衰落，官方媒体的解释是在社会利益推行的现代化建设过程中自然而然、不可避免的环节，因此传统行业存在的结构性劣势和与国家现代化建设愿景不兼容的问题被忽视。同样，对牛乳手艺人数量减少的解读通常归因于他们在农村的落后生活方式，同样掩盖了真正阻碍金榜村牛乳发展的结构性因素。金榜村的牛乳手艺人和水牛养殖户一样，没有文化，缺乏社会和金融资本为他们创造像鲍德里亚所说的"符号价值"和"象征价值"，不懂得通过营销提高产品价格，扩大产品生产线，也不会利用政府资源把这些产品打造成文化"遗产"［Baudriard（1970）1998］。[12]

可能最糟糕的情况是，一些牛乳手艺人为了吸引游客，采取"自我东方主义"或"自我异国情调"的策略，进一步巩固了他们在现代消费者心目中的"他者"身份，以及落后和农村身份所带来的、他们在社会等级中较低的地位（Mak 2014）。在大良，那些期望在流行文化中寻求怀旧体验的人发现，牛乳已经成为一种过时的食品，正在从人们的生活中消失。与大良牛乳形成鲜明对比的是意大利的帕马森干酪（*Parmigiano Reggiano*），这种奶酪被发展成了一种艺术形式，为产地带来了声望和收入，来自世界各地的消费者都愿意支付巨额费用浅尝一小块帕马森干酪（Chen 2015）。就目前的情况而言，牛乳手艺人和农民很难维持业务。

除了顺德牛乳手艺人和水牛养殖户被边缘化之外，大型乳品公司和小规模奶牛养殖户之间也存在着新的、不平等的权力和风险分配问题。从20世纪90年代末开始，中华人民共和国国民经济和社会发展五年规划为乳品公司的发展给了大量支持。国家向乳品公司提供贷款购买奶牛，给予乳品公司税收优惠，并发放数千万国债资金，用于改善种畜、挤奶和包装设施。分散和灵活的供应链进一步促进了内蒙古乳业的快速发展。过去，中国的小规模奶农几乎需要花费所有的积蓄经营奶牛场,家人也都要参与到牛奶的加工工作中。如今,像蒙牛和伊利这样的大型乳业企业已经成功地建立起了乳业帝国,其资源主要用于营销、数据管理和信息流,同时将奶牛饲养等高风险和劳动密集型核心任务外包给小规模奶农。许多大型乳品公司甚至将产品检验、收集牛奶和价格谈判的任务都外包给经纪人,经纪人建立公司牛奶收集站,通常能够赚取50%的利润(Zhang et al.2009,10)。

在新的牛奶体系下,较低阶层人士往往面临更高的食品安全风险,总体生活机会也更具不确定性。首先,穷人和工薪阶层消费者已经普遍接受了牛奶为日常必需品的观念,但在食物选择上受到了结构性限制。其次,奶农本身就不得不承担更高的生计风险,甚至可能因为面临的结构性劣势而失去生计。牛奶供应链转型后,小规模奶农失去了邻近市场的客户,只得向蒙牛和伊利等大型乳品公司的牛奶收集站(或牛奶工厂)供应牛奶,以此谋生。自20世纪30年代以来,美国乳品公司支付给农场的牛奶价格一直受到政府监管(Masson and DeBrock 1980),而中国与美国不同,中国原奶的价格几乎完全由供需决定。由于乳品公司需要以极低的价格销售产品、刺激销售并扩大市场（例如，蒙牛出售的冰激凌砖，价格只有其主要竞争对手伊利的一半，从而赢得了第一个市场），因此在满足政府质量标准的同时，他们只得压低支付给奶农的原奶价格。

如修长白和克莱因（K. K. Klein）所说，小规模奶农只是"价格接受者"，对于销售条款或质量检查等事项没有任何影响力（Xiu and Klein 2010）。当地政府要求他们只能将牛奶卖给特定的公司，因而削弱了他们的议价能力。更糟糕的是，许多小规模奶农是在大型牛奶加工厂厂商的资助下购买的奶牛，贷款条款，包括利率和回收期都是由这些厂商决定的。这种竞争策略能够迫使小规模奶农接受很低的牛奶收购价格，这样，大型牛奶加工商在牛奶市场上就能以极具竞争力的价格销售产品，获得丰厚的利润（Barboza 2008）。

由于无法控制价格、质量或其他销售条件，降低平均成本就是小规模奶农获得利润的主要途径。全球饲料价格不断上涨，对中国本地奶农构成了巨大威胁，迫使他们采取一些不合标准的做法。饲料价格飙升，农民别无选择，只能降低奶牛的喂养标准。这样奶牛生产的牛奶可能因为蛋白质含量不符合国家标准，导致牛奶收集站拒收。因此，面对21世纪中期不断上涨的饲料价格，小型奶农的商业模式崩塌，致使许多人不得不大量屠宰奶牛并宣布破产（Xinhua News Agency 2015）。

中国的小型奶农被进一步边缘化。为了重建消费者对中国产品的信心，国家加大了对大型奶牛场的投资。2008年之前，中国70%的奶农拥有的奶牛平均数量只有20头或更少。2014年，小规模养牛场的数量下降了43%，奶牛数量在1000头以上的奶牛场约占20%。最大的变化是，国家对奶农实施了严格的经营许可证制，迫使许多畜群较小的奶农退出市场（Lawrence 2019）。

本章阐释了中国在推进现代化的建设过程中，由于粮食和资本的全球化，中国形成了一个新的食物体系。大型乳品公司的崛起，牛奶产量的大幅增长以及中国采取的积极营销策略，都使得人们的牛奶消费行为发生了巨大变化，牛奶从小部分人专享的营养补品，变成了大部分人都可以享用的日常饮料或零食。

与此同时，这些变化也引发了新问题。首先，对穷人和奶农的生活机会产生了结构性限制，他们被视为不幸的"他者"。其次，中国的牛奶营销引发了两种疾病——"母乳不足综合征"和"挑食性精神障碍"，我们将在下一章中进行讨论。

# 第四章

## 配方奶喂养——母爱、成功和社会身份的象征

蒂芙尼是一个6个月大婴儿的母亲,她在香港最受欢迎的一个亲子网站上发布了一条评论,表达了她难以买到进口品牌配方奶粉的失望和焦虑。[1]这种特殊品牌的配方奶粉是其孩子生活中的必需品。蒂芙尼认为,来自内地的消费者对生活在香港的她、孩子及其家人的生活和福祉带来了困扰。

## 配方奶喂养中蕴含的新道德

这一评论不仅凸显了现代社会父母对奶粉供应不断加剧的担忧,也凸显了配方奶喂养已成为婴儿喂养的一种新仪式,在中国各地,仅50年时间,配方奶就兴盛起来。

过去中国并不接受配方奶喂养方式,在20世纪20年代时,配方奶喂养甚至被认为是不道德的行为。而今情况发生了改变,配方奶喂养反而成了大多数新手妈妈的首选喂养方式,在20世纪20年代,若是母亲为了保持身材或者嫌母乳喂养太麻烦，用牛奶替代品喂养婴儿，就会被指责是自私的行为（Li and Hua 1925；Lo 2009）。在中国，支持母乳喂养的人主要是那些撰写家政学文章的作者，他们利用各种各样的科学依据反对配方奶喂养。他们反对的原因主要有以下三点：首先，牛奶中的成分是为小牛量身定制的，并非为人类量身定制的。第二点与第一点相关，与母乳相比，婴儿不易消化牛奶中的蛋白质，因此品质不如母乳。第三，牛棚卫生状况不佳，牛奶被污染的风险很高（Lo 2009）。简而言之，"母乳才是最好的"。

鉴于历史上对配方奶喂养的反对，以及内地和香港非牛奶文化的背景，令人惊讶的是，香港的母乳喂养率是发达地区中最低的（Callen and Pinelli 2004；Foo et al. 2005；Government of Hong Kong SAR 2013a）。2017年，只有27%的婴儿在6个月大后依然完全靠母乳喂养（Government of Hong Kong SAR 2017a）。[2]在内地，母乳喂养率也下降了四分之一，2008—2013年期间仅为20.8%（Liu 2013）。相比之下，纽约市2011年出生的婴儿中，有58%在6个月大时仍采用母乳喂养（New York City Department of Health and Mental Hygiene

2015）。

公共卫生官员和地方官员最需要了解的应该是母亲们不选择母乳喂养的原因，找到根源才能鼓励母亲采用母乳喂养的方式，才有可能改善婴儿的健康状况（Gott-schang 2007，67）。自20世纪70年代以来，两地卫生部门的主要职责之一就是宣传母乳喂养的好处，并为备孕女性或新手妈妈提供专业帮助。目前对内地和香港婴儿喂养情况的研究表明，母亲之所以选择配方奶喂养主要有两个原因——母亲自认为"母乳不足"和重返工作岗位的需要（Tarrant et al. 2010; Xu et al. 2009）。[3] 此外，在中国，选择母乳喂养率最低的人群是中产阶级；而在美国，选择母乳喂养率最低的是社会经济地位较低的阶层。为什么大多数中国城市女性都患有上述"母乳不足综合征"？工作和母乳喂养对她们来说存在哪些冲突？为什么香港的母乳喂养率最低？不幸的是，到目前为止，在现在这个媒体饱和、变化莫测的社会背景下，很少有研究关注两地婴儿在不同喂养方式方面的话语对不同社会阶层所产生的影响，毕竟两地都存在"性别不同，劳动分工也应该不同"的观念。

## 母亲——既要工作，又要保证孩子健康

弗吉尼亚大学社会学助理教授莎伦·海斯（Sharon Hays）在研究美国不同社会阶层的母亲身份时发现，如今的职业母亲面临种种冲突，首先是时间和精力分配方面的冲突，其次是行为方式的冲突：一方面，在养育孩子时，她们必须有教养、大爱无私，而在工作中，她们又必须有竞争力、雄心勃勃（Hays 1996）。随着越来越多的女性进入职场，育儿工作的简单化、高效化看似合乎情理。然而，事实与之相反，许多职业母亲深受"密集母职"思想观念的影响，认为母亲的主要职责就是抚养孩子，并且应以孩子为中心，听从专家指导，倾注情感，全力以赴，注重投资。海斯说，在养育子女方面，我们强化了这些不切实际的承诺和无偿的义务，其实是我们在这个市场如此理性的世界里，对自身利益深感不安的一种应对方式（Hays 1996，97）。

近年来，母乳喂养在西方社会的兴起，就可以用"密集母职"这种观念来解释。作为一个"好母亲"，就要全权负责满足孩子的所有需求，并采取一定

措施，将食物及同类消费品对孩子造成的潜在风险降至最低（Afflerback et al. 2013；Avishai 2007；Hays 1996；Lee 2007，2008；Murphy 2000；Stearns 2009）。许多研究表明，母亲身份被重新定义，母亲成了名副其实的"风险管理者"（Furedi 2002；Lee 2008）。因此，在当代欧美社会，采用母乳喂养方式的母亲就会被尊为"好母亲"，而那些用配方奶喂养的母亲则被贴上了"坏母亲"的标签。

乍一看，中国的"牛奶狂潮"似乎与现代欧美社会重新盛行的母乳喂养和"密集母职"育儿的趋势相矛盾。然而，我认为，中国母亲使用配方奶粉，正是在"密集母职"育儿思想下，为了最大限度减少孩子面临的食品安全、社会和环境风险而采取的一种技术手段，以处理工作和家庭之间的矛盾需求（Knaak 2010；Lee 2008；Murphy 2000）。接下来，我会分享几个故事，讲述香港中产阶级母亲和内地一些在外地工作的母亲的情况，探索她们将配方奶粉作为一种技术手段帮助自己实现社会理想的过程。

## 成功职业女性与"母乳不足综合征"

在香港，我采访过一些中产阶级母亲，她们的年龄大约在30岁到40岁出头，大多任职于管理岗位。她们中的大部分人都认为，母乳是最好的。可问题是，她们自认为自己母乳不足，无法满足婴儿的需求。美妮，今年32岁，是一名高级记者，在香港业绩最好的平面媒体公司之一工作。美妮分娩前减少了工作量，并且决定在孩子出生后采用母乳喂养，确保孩子健康。然而，女儿出生两周后，她就认为自己母乳不足，于是改换了配方奶喂养：

> 当我得知自己怀孕了，就决定要母乳喂养。我读了很多关于母乳喂养的书，知道母乳更有营养。我从育儿杂志和网站上了解到，母乳喂养最关键的是，母亲压力不能过大，于是我决定换工作。我过去在日报部工作，每天任务急、工作时间长。在线新闻网站推出后，我们的工作更加紧张起来。现在，一采集到新闻，就要立即上传视频和即时新闻。因此，分娩前6个月我把工作从日

报部调到了周刊部。

然而，女儿出生后，我的母乳不足，这对我来说是一个巨大的打击。刚生下来的几天里，她每次吃完奶以后还会不停地哭。她刚吃完奶，我也不可能立即再泌乳啊。我很震惊，也很沮丧，简直束手无策。要知道，我家里一罐配方奶粉也没有，连奶瓶都没有。我心想是不是自己哪里出问题了。难道不是每个母亲都应该有足够的母乳喂养孩子吗？

美妮认为是自己工作压力大才导致母乳不足，最终不得不停止母乳喂养。持这种观点的人，不止她一人。我采访了20位母亲，都曾尝试过母乳喂养，除了一位母亲以外，其他人在返回工作岗位后都很快从母乳喂养转为配方奶喂养。许多人告诉我，她们从来没有想过在办公室挤奶，她们说"从来没有听说过有人在办公室挤奶"。少数考虑过这种可能性的人最终也选择了配方奶喂养。最普遍的原因在于缺乏挤奶空间和储奶设施，更没有挤奶的时间。有些人说，"我实在无法忍受高峰时间在卫生间里挤奶"，"午餐时间

第四章 配方奶喂养——母爱、成功和社会身份的象征

只有一个小时,如果去挤奶就没有时间吃饭了"。尽管许多母亲是因为母乳不足而不得不放弃母乳喂养,但大多数母亲是为了自己的事业而不得不放弃母乳喂养。

除了工作压力之外,重返工作岗位前一定要瘦身的文化标准,是母亲们改用配方奶喂养的另一个重要原因。我采访的大多数人都想做一个美丽又成功的职业女性,以便孩子长大后有能力读一所声誉良好的英文学校,而不愿成为一位自我牺牲、能够母乳喂养的全职妈妈。香港著名歌手陈慧琳在36岁生子后,5天内瘦身,产后一周重返工作岗位,成了新妈妈们的梦想(*Apple Daily* 2009)。32岁的企业家秀慧就强调妈妈们重返工作岗位之前瘦身的重要性。她说孩子出生两周后她就停止了母乳喂养,因为她面临一个进退两难的境地:"一个朋友建议我在睡前吃一个俱乐部三明治,这样第二天就能有充足的母乳。我一听吓坏了。天哪!要是这样,我怎么可能在重返工作岗位之前减肥成功、恢复身材?"生产后快速恢复身材,成了数字媒体和大众媒体宣传的"劳模精神"。通常情况下,生产后人的身体不可能在短时间内自然恢复到

孕前状态，需要通过坚持不懈、严格自律和努力锻炼来恢复，而这些也是资本主义劳动力市场高度重视的特质。因此，据报道，作为榜样的明星母亲在生产前后都采取了严格的饮食和锻炼计划（Shih 2016）。

除了"母乳不足综合征"以及为了瘦身而积极控制饮食以外，配方奶喂养流行的第三个原因是：人们在配方奶粉与学业成绩提升之间建立了象征性联系。秀慧认为，对今天的母亲来说，最重要的事情莫过于确保她的儿子或女儿考入一所名牌英文学校。她说："这几乎是茶餐厅里以及社交媒体上所有父母甚至祖父母唯一谈论的大事。"我所采访的中产阶级母亲们，对配方奶粉配料表中的营养物质了如指掌，尤其是DHA，被认为具有促进儿童认知能力发展的功效。因此，从21世纪初开始，不仅婴儿和儿童会食用配方奶粉，连许多准妈妈也开始食用奶粉了。我采访的许多人都说，她们是在怀孕期间才开始喝牛奶，还有许多人会喝富含DHA的孕妇专用配方奶粉，她们认为，怀孕期间的饮食会直接影响到体内胎儿的身体和智力发育。她们之所以会形成这种牛奶消费新观念，最关键的原因，一方面是医生和营养师等专业人士给出的建议，另一方面是她们从报纸、杂志和社交媒体上学到的新科学知识。我采访的另一个母亲，伊莉，40岁，是一名银行家，孩子4岁，她和我分享了怀孕期间的饮食及其原因：

> 我在网上的《时代》杂志（Time）上看到，怀胎十月是胎儿大脑和身体发育的关键时期。那时，我的医生还向我推荐了一款富含DHA的配方奶粉，我知道DHA对胎儿大脑发育特别重要。因此为了确保我们的宝宝有一个良好的开端，尽管配方奶粉很难喝，但是我还是坚持喝了一个月。

伊莉告诉我，怀孕期间她吃了很多补品，比如她母亲推荐的燕窝汤。为了生一个聪明、健康的宝宝，许多妈妈都会在怀孕期间改变饮食，伊莉只是其中之一。为了孩子的健康，她在饮食中同时增加了配方奶粉和中国的传统补品。事实上，我采访过的大多数中产阶级母亲都告诉我，她们对准妈妈和婴儿专用配方奶粉的成分和好处都会做充分研究，然后再做出理性选择。[4]

其实配方奶粉、DHA与大脑发育之间的象征性联系是最近才被建构起来的。SARS疫情过后,许多制药公司都推出了能够增强免疫系统的产品。美赞臣就推出了"安婴宝(Enfapro)A+2"配方奶粉。然而,在21世纪初,美赞臣公司了解到香港的家长强烈希望提高孩子的学习成绩,反而开始重点推广其富含DHA的配方奶粉,宣传其能够促进孩子的大脑发育。美赞臣的电视广告中传递了两个关键的信息:"让宝宝学得更多,头脑和健康同样重要"和"香港奶粉品牌中DHA含量最高的奶粉"。2011年,美赞臣为其最新配方奶粉"安婴宝A+"选择的广告词是:"宝宝健康机灵,学得更'飞'凡。"为了培养聪明、健康、具有创造力的宝宝,让孩子"赢"在起跑线上,美赞臣的理念深受消费者欢迎,"安婴宝A+"很快成为香港销量第一的配方奶粉。

作为一种几近神奇的营养补充剂,DHA得到了家长们的信任,家长们认为这种补充剂能够提高孩子的认知能力,从而应对香港复杂的教育问题。DHA的兴起,与1997年香港回归后社会迅速发生变化密切相关。令家长们更担忧的是,中小学私有化,不实行义务教育等问题。为了保护孩子们未来的经济和文化资本，香港的家长们为了孩子上幼儿园，甚至半夜开始排队，只为争夺难得的入园名额（Chan and Kao 2013）；给孩子报名参加学前模拟面试培训课程，给孩子报钢琴课和运动课，带着孩子出国旅行（以示自己具有一定程度的"国际化"），所有这些经历都可以被写进学生的简历中（*Singtao Daily* 2015）。社会地理学家辛迪·卡茨（Cindi Katz）将这些现象称之为"父母的内卷"，即"父母用于儿童的社会和经济资源饱和"（2008，12），纽约市和其他主要国际城市的父母思想与之相似，也存在内卷现象。

由此可见，职业女性之所以选择配方奶喂养，是为了实现4个目标，这4个目标看似相互矛盾，却是成为现代成功母亲的条件：为婴儿提供最好的营养的同时严格控制体型，恢复到孕前身材；一边要长时间工作，承受强大的工作压力，一边还要投入大量时间和精力，为孩子的"幼儿园之战"做好准备。如美妮、秀慧和我采访过的许多人，她们采用配方奶喂养的首要原因是母乳不足综合征，而母乳不足与母亲所感知的工作压力有关。她们吃苦耐劳的精神以及对身材的焦虑，源于她们在工作中感受不到安全感，以及教育私有化带来的经济压力。自21世纪初以来，合同制、兼职和临时工作取代了许多稳定的终身工作，这也成了香港的新常态。

就业的短期合约性和周期性趋势日益凸显，影响了人们对婴儿喂养方式的选择，这种情况绝非香港独有。埃利奥特和莱默特（Elliott and Lemert）根据研究指出，雇佣关系从明确的、固定的长期主义向更加艰难的短期主义转变，是一种全球趋势，是技术创新、跨国公司向全球低工资地区输入工业生产，以及资本从制造业转向金融、服务和通信领域等因素共同作用的结果（2009a，2009b）。这种全球新自由主义经济的兴起，使得人们体验时间的方式、生活方式、工作方式以及在就业市场中的定位都发生了重大变化。

在这种短期主义盛行的文化中，中国母亲会想尽一切办法将自己塑造得更苗条、更高效、更有创造力以实现自我，同时把养育孩子的重任"委托"给富含DHA的配方奶粉——帮助她们把孩子抚养得更健康、更聪明。此外，无论是在工作中还是在个人的私生活中，苗条文化无处不在，不仅在香港很普遍，在世界各地都很普遍。苗条文化是受到了全球化和资本主义的推动，尤其是现代就业市场对女性的高要求（Becker 2004），在男性主导的就业市场中，女性的职业仍然存在天花板（Lee 1999），女性同时还面临不稳定的婚姻关系（Tam 1996）。中国的女性不仅要努力让自己的孩子长得更高、大脑更聪明、经历更国际化，还要在成千上万的广告和媒体信息的不断提醒下，通过遵循适当的"健康"消费仪式装备和奖励自己，以便在爱情和工作的战场上更具有竞争力，同时还要发挥自己作为优秀的母亲以及受过良好教育的市民的社会作用。

## 外出工作的母亲，作为礼物的配方奶粉

虽然中国许多中产阶级母亲可以毫不犹豫地购买昂贵的品牌进口配方奶粉，但中国大多数工薪阶层根本负担不起如此昂贵的奶粉。不过，在外打工的人会想办法节约其他开支，为孩子购买奶粉，以尽自己的父母之责。我采访过许多在顺德工作的母亲，她们把配方奶粉当作一种补品，偶尔让孩子食用，这样也能

促进孩子的健康成长。根据中国传统的体液体系，补品不宜每天服用，否则，身体会过"热"。来自广西的农民工华英，在大良一家西餐厅当服务员，她就把一个国产品牌奶粉给三岁儿子当作补品食用：

> 去年冬天，我回家看到儿子又瘦又小，双手总是冰凉，我的心都碎了。我给儿子买了国产合生元（BIOSTIME）配方奶粉，价格昂贵，但营养丰富，有助于增加孩子的体重。[5]从广告中我得知，这种奶粉中含有牛奶和从蔬菜中提取的各种维生素和矿物质。在两个多月的时间里，他吃了两罐合生元奶粉后，体重增加了，也有了活力。这种奶粉每罐150元人民币，一罐能喝大约一个月，说明书上说每天喝三次，但我每天只让他喝一次。除了喝合生元奶粉，有时，我会在晚饭后再让他喝一瓶养乐多（Yakult）。养乐多富含益生菌，能够帮助消化，增强食欲，有益健康。[6]

不仅少数工薪阶层存在把现代奶粉作为日常补品的观念；在顺德职业医生的日常处方中，奶粉也被当作一种补品。[7] 例如，在顺德一家知名中餐馆当服务员的外来务工人员小红告诉我，本地一位医生建议她给儿子注射钙针补钙。她的儿子现在一岁零三个月，一个月大的时候断奶，之后一直喝美赞臣"安婴宝"奶粉。小红的儿子比同龄孩子个子高一些，她非常引以为豪。医生告诉她，她的儿子在只有10个月大时就达到了一岁男孩的平均身高，一岁的时候已经达到了一岁半孩子的平均身高了。为了让孩子跟上成长的速度，医生建议小红给儿子注射钙针，并口服钙剂补钙。此外，医生强烈建议小红给儿子吃一些营养价值高的食物，以满足身体快速增长的需求。于是，她给儿子购买了5种昂贵的安利（Amway）营养补充剂，包括纽崔莱（Nutrilite）的蛋白粉。[8]

奶粉和钙剂不仅是促进孩子健康成长的美味商品，法国人类学家莫斯（Marcel Mauss）认为，这些也是礼物，是母亲精神本质的一部分，必须得到回报［（1954）2011］。从农村到顺德工作的农民工有48万多人，华英和小红只是其中的两个（National Bureau of Statistics of China 2018）。和许多女工一样，她们为了能在城市中谋求一份工作——哪怕是低薪的服务行业，不得不离开生活的村庄，离开正在成长的孩子。因此，国产品牌的配方奶粉就成了关键，使得母亲能够外出打工，也能够将照顾孩子的任务委托给父母、公婆或其他看护人。

因此，这些外出打工的母亲每年回家探亲时，通常把进口品牌的配方奶粉作为礼物，成为阶层、健康、现代和财富的象征，赢得亲友的尊重。这种消费模式与其他地方的消费模式形成了一定对比。伊万娜·巴伊奇·哈伊杜科维奇（Ivana Bajic Hajdukovic）通过研究塞尔维亚母亲，发现母亲送给孩子及孙子、孙女的礼物，如本地品牌"凯马克"（kajmak，一种奶油酱）、"普尔苏塔"（prsuta，烟熏风干火腿）或自制糖果，是为了让他们能够时常回忆过去和家里的味道（2013）；而在顺德打工的母亲们给生活在农村的孩子带回来的是"未来"和"外国"的味道，以期他们以后能生活在一个更美好、更现代的世界。

对世界各地流动工人的研究表明，在外打工的母亲会通过多种方式表达对家人的爱，并通过重新定义母亲身份弥补她们在孩子成长过程中的缺席。一些跨国研究以及性别研究对在外工作的女性中普遍存在的为母之道进行了研究，发现母亲会通过其他方式弥补自己无法照顾孩子的现状，如给孩子汇款、寄礼物、打电话，求助大家庭照顾孩子。以顺德流动工人为例，用进口配方奶粉或外国品牌、高端本地配方奶粉代替母乳的做法，就是雷塞尔·萨拉查·帕雷奈斯（Rhacel Salazar Parreñas）所说的"母爱商品化"的案例，似乎是跨国工作的母亲的一个主要特征（2001）。跨国工作的母亲和跨国工作的父亲之间最主要区别是，身在海外的母亲不仅要承担汇款回家的压力，还要承受养育孩子的额外压力。而跨国工作的父亲，只需要把钱寄回家，就已经是一个公认的好父亲，充满男性气概（Thai 2006）。相比之下，在外工作的母亲需要承受双重负担，为了树立"好母亲"的形象，要面临各种压力。因此，给家里买配方奶粉是一项性别化的行为：作为母亲，即使不在家，也要照顾家人的情绪，关爱家人，维系与家人，特别是孩子的亲密情感关系（Alicea 1997；Dreby 2006）。华英和小红的例子说明，这些女性会通过采取创造性策略来满足人们对母亲这一角色的传统期望。把配方奶粉重新归类为补品，成本更低，底层也有能力消费。把配方奶粉作为礼物送给孩子，从而与孩子建立互惠关系，期望有一天能得到孩子的回报。

## 父亲——养家糊口、保护家人

在中国传统社会，父亲对孩子的爱，是通过养家糊口以及保护家人和血脉的方式表达，也是父亲男子气概的体现。中国学者强调："父亲的义务远不止为孩子提供食物、衣服和住所这么简单。他还要为孩子，特别是儿子，准备足够的资金，以便他将来成家立业，衣食无忧"（Levy 1968，169）。虽然大多数父亲对自己的孩子都有着深厚的感情（Li 1969；Solomon 1971），但这种情感会因其传统的育儿方式以及其对孩子的各种期望而变得紧张（Levy 1968）。

### "赚奶粉钱"的责任及后现代男子气概

针对当代内地和香港父亲的研究结果表明，父亲所表现的男性气概与其经济实力密切相关（Liong 2017；Yang 2010）。男性应该负责养家糊口的观念至今仍然很强（Choi and Ting 2009；Gender Research Centre 2012）。杰森，受访时35岁，是一名建筑师，也是两个孩子的父亲，与我分享了他"赚奶粉钱"的经历："2012年，我从北京回到香港找工作后，就有更多时间陪伴大女儿安琪儿。面试之前，我会送她去幼儿园。当时我感到非常紧张，因为我需要赶紧为她'赚奶粉钱'。"

"赚奶粉钱"就能体现一个好父亲为家庭经济作出贡献，有这样观念的人并非杰森一人。"赚奶粉钱"一直是中国的一个流行语，用来形容父母养育孩子需要作出的经济贡献。长期以来，为了养家糊口，竭尽全力、夜以继日地工作，一直被认为是父亲的主要责任，也是父亲的荣耀。"赚奶粉钱"也成了父亲们长时间在外工作的借口。

在媒体的报道中，名人常用"赚奶粉钱"一词激励自己努力工作，有时还成为他们选择从事危险、致命甚至令人厌恶的工作的理由（*Apple Daily* 2015，2016；*Singtao Daily* 2018）。即使坐拥豪宅、豪车的名人父亲，也要承担家庭的经济责任，让妻子做全职妈妈，彰显丈夫的责任和强大。更有甚者，一些中产阶级父亲更是以"赚奶粉钱"为由,长时间不在家,不管孩子,不做家务,或是把这些责任转移到妻子身上,但妻子们往往也有自己的全职工作。

然而,近年来,男子气概和父亲的角色已经演变成一种后现代的、阴柔的男子气概,对占主导地位的父权话语构成了挑战(Pease 2000,137)。名人父亲不仅是家庭的经济支柱,而且越来越多的媒体报道称,优秀的名人父亲也会参与看似"女性化"的育儿工作。在新闻报纸和网络新闻中,常常使用"贴心""窝心"和"暖男"这些形容词来形容一些年轻有为的男性名人,他们会陪伴妻子参加育儿工作坊,做定期检查,全程在产房陪妻子分娩。孩子出生后,这些父亲还会给孩子换尿布,用奶瓶给孩子喂奶。作为一个好父亲就应该积极参与育儿过程——我所采访过的一些妈妈们也认为,理想的丈夫在成为父亲后就应该具备这些美德。此外,现代育儿方式也引起了人们的密切关注,如应以孩子为导向、凡事与孩子进行协商的观念代替了过去严格的家规家律。受此影响,欧美国家的父亲们——以及中国各地越来越多的父亲——陪伴孩子玩耍的时间远比他们的父辈多

（Cowdery and Knudson-Martin 2005；Liong 2017）。

此外，父亲对婴儿喂养方式的选择也产生了越来越大的影响。我采访过的一些母亲告诉我，她们的丈夫根据对健康和科学知识的理解，要求她们放弃母乳喂养。我采访过的一位父亲国荣，44岁，是一名公务员。他就成功地说服了妻子改用配方奶喂养：

> 我们的儿子出生时体重只有2.4千克，需要在医院接受一周的健康监测，体重达到2.5千克后才能出院。医院给了我们一张图表，是孩子正常发育的曲线图。因此，在儿子三周的时候，我开始每周给他测量体重。儿子一个月大时，我发现他的体重和身高都低于"正常"发育曲线。我无法接受儿子长大后身材矮小的可能。我身高近1.8米，儿子长大后也应该和我差不多高。我想这可能是由于我的妻子母乳不足导致他个子长不高。这样下去，儿子长大后有可能比我矮，我不想冒这个险。于是，我每天都和妻子交谈，用科学依据向她解释问题的严重性。她一开始很不情愿，但最终还是被我说服了。儿子三个月时，我们就

开始用配方奶喂养他。现在孩子4岁了，长得很结实。我认为我们做的决定是正确的。

国荣之所以了解儿童发育、健康和理想体型标准量表，以及采用"优质"配方奶粉喂养孩子的做法，是因为儿科医生、医疗机构、育儿工作坊和全球媒体传播的信息对他产生了深远影响。丈夫对婴儿喂养方式的选择具有重要影响作用，我的这一研究结果与之前在香港进行的定量研究结果一致（Chan et al. 2000; Tarrant, Dodgson and Choi 2004）。塔兰特及其团队研究了香港采用母乳喂养的母亲，许多受访者表示，丈夫给了她们许多压力，认为她们母乳不足，要求她们停止母乳喂养，特别是有迹象表明孩子存在健康问题的情况下，丈夫更不愿让她们进行母乳喂养。

相比之下，在顺德，虽然父亲们也会给孩子购买进口配方奶粉，承担养家糊口和保护子女的责任以体现自己的男子气概，但他们的情况与香港明显不同。品牌进口配方奶粉价格昂贵，几乎是国产品牌的2倍，对工薪阶层的父亲来说，仅在奶粉上每个月就要花费工资的三分之一甚至一半。陈先生是大良一所学校的公交车司机，有一个两岁的儿子。他告诉我，每月花1500元人民币（月薪的一半）从香港购买进口配方奶粉是很"正常的"事：

> 进口配方奶粉对我儿子来说是必需品……我每个月花一半的钱购买优质配方奶粉，这是我作为父亲的责任。人的一生总要经历不同的阶段。结婚之前，你会把钱花在能让你快乐的事情上。为了组建自己的家庭，结婚前你要存钱买房。有了孩子，就要花钱给宝宝买配方奶粉。这就是生命周期……过去，中国人只需要考虑生存问题。现在，每个父母都希望自己的下一代能过上更好的生活。例如，我们自己没有去海外学习的机会。于是就想让孩子出国留学，完成自己没有完成的心愿，算是对自己的一种心理补偿。

陈先生通过家庭生命周期，向我们解释并证明了他消费配方奶粉的态度。与香港的情况截然不同，在内地，食用牛奶和进口配方奶粉象征的不仅仅是经济和健康资本，还蕴含着文化和社会资本。我采访过的顺德人，许多50多岁及以上的父母回忆起人民公社时期的食物配给时说，在过去，若要获得牛奶不仅取决于个人的经济条件，还取决于个人的社会背景和社交网络。

在内地，牛奶长期以来一直与社会和文化资本紧密相连，而陈先生之所以选择进口配方奶粉，也是出于对"国际化"的重视。强调"国际化"重要性的家长众多，陈先生是其中之一。陈先生是大良一所中学的司机，主要负责为学校高级主管开车，接待学校邀请的重要客人。得知我来自香港时，他真诚地与我打招呼，说他喜欢与来自"国际"城市的人交朋友，比如香港。"我们（顺德）已经进入国际化时代。若要在现代社会取得成功，我们必须走向现代化、国际化，包容开放、具有竞争力。"对于陈先生而言，消费国际品牌的配方奶粉，是让儿子走向"国际化"的第一步。在他看来，来自外国的产品大多数会比国内的"质量好"，价格高是值得的。对他和许多像他这样的人来说，使用国际品牌的产品就是现代家庭"国际化"的标志。

但是，像陈先生这样的司机，如果把一半的工资都用于购买配方奶粉,那么他如何养家糊口呢?他告诉我,他有很多赚外快的方法。比如,当得知我正在顺德调研水牛和水牛奶的情况时,他就问我是否有兴趣尝一尝本地优质的小牛肉,他可以给我推荐一个好地方。我猜他提供的这种"额外服务"就是他赚外快的一种方式,比如推荐我去吃牛肉,就可以从餐厅赚取佣金。我采访的其他人也说,他们会积极寻找赚外快的机会。大良本地人的土地,被政府租赁后,每年可领到一万元人民币的佣金。总之,婴儿和儿童配方奶粉已经成为现代顺德人的一种必需品,这让父母们(尤其是像陈先生这样的父亲)感到有义务更加努力工作,即使要寻找额外赚钱的机会,也要满足孩子的需要。

## 文化资本、食品安全与地缘政治

购买配方奶粉象征着父亲的男子气概,也意味着孩子步入"国际化",如果能在附近的杂货店轻松买到优质进口配方奶,那么顺德和其他地方的人为什么每个月都要大费周折地去香港购买进口配方奶呢?[9]香港的媒体从经济、政治和社会的角度解析了牛奶消费的地缘政治[10]。从政治角度而言,自2010年12月以来,为了促进旅游业的发展,深圳市政府放宽了个人游港的限制,于是400万内地居民前往香港旅游。从经济角度而言,由于人民币汇率势头向好,2011年春节期间大量内地游客前往香港旅游。这次游客大量涌入香港,导致香港大部分地区最受欢迎的进口配方奶粉缺货超过10天(*Ming Pao* 2011)。

小易是一位母亲,孩子10个月大,她告诉我,即使内地和香港的配方奶粉是同一个制造商,产品表面上看起来也一样,她还是认为存在差异:

> 说实话,我和丈夫也不想去香港和澳门买奶粉。长假期间,许多游客都到香港购物,到处乱糟糟的。特别是去年11月(2010年11月)到今年2月(2011年2月)之间,我们想要的品牌奶粉在香港已经断货了。虽然香港的奶粉更贵,但我一般都会购买来自香港的奶粉。我认为同一品牌的奶粉,香港的比内地的质量好,这是有根据的。我们的一些朋友对两地的奶粉进行了具体

对比。不仅如此，我还发现为内地生产的雅培（Abbott）配方奶粉味道更甜，气泡更多，与在香港销售的完全不同。不过，我也有一些朋友，他们的孩子食用的就是国产品牌的奶粉，效果也很好。因此，并非进口品牌就一定更好。（小易，30岁，一个10个月大女孩的母亲）

我还采访过几位广州和宁夏等地的中产阶级父亲，为了保障孩子的生命安全，他们会专门学习牛奶专业知识，亲自品尝测试各种品牌的配方奶粉，确保安全后，才会给孩子吃。通过测试，他们发现内地和香港同一品牌配方奶粉的味道各不相同。我的许多受访者发现，相比内地的奶粉，孩子更喜欢从香港购买的进口配方奶粉的味道，父母因此为孩子感到骄傲——他们认为这种偏好是社会阶层的一种标志。中上层阶级经济和文化资本相对优越，他们愿意花费大量时间、金钱和精力跨境购买"正宗"且"更安全"的进口配方奶粉，以此增加生活机会。

德国著名社会学家乌尔里希·贝克（Ulrich Beck）在《风险社会》（*Risk Society*，1992）中指出，风险社会中社会生产风险的增加,预示着阶级不再具有相关性。中国中上层家庭跨境购买配方奶粉的现象,揭示了不同阶层成员所具有的文化和财富差异对个人在风险社会中的生活机会具有实际影响力。[11]

## 国家、市场和魅力营养

对于内地和香港的父母来说,婴儿喂养观念最显著的区别在于,他们对母乳营养价值和断奶意义的理解。香港的父母认为,母乳是婴儿最好的食物,如果有可能的话,婴儿一岁以后应该继续食用母乳。而顺德的父母普遍认为,从婴儿7个月起,甚至4个月起,就不应该继续母乳喂养,否则对婴儿的生长不利。我儿子在顺德一个广场上和其他孩子玩的时候,我向这些孩子的母亲和祖母征求婴儿喂养建议时,许多人得知我儿子一岁了,我还在坚持母乳喂养时都倍感惊讶,她们认为这是一种不道德的行为,好像我没有用现代、科学的方式照顾我的儿子一样。以下是他们的一些代表性的意见:

第四章　配方奶喂养——母爱、成功和社会身份的象征

> 对6个月以上的婴儿来说，母乳就没什么营养了。
>
> 一岁了还吃母乳，对孩子不好。不要再给他吃母乳了。配方奶粉更健康！
>
> 你儿子一岁了还没有断奶啊！我孙子6个月的时候就断奶了，现在喝新鲜牛奶。

关于母乳喂养，这些孩子的祖母们给我的育儿建议，有力地证明了两个相互关联、被广泛应用的原则：第一，"断奶"的新概念；第二，父母有义务让孩子喝到现代工业化生产的奶粉。祖母们的这些话清楚地表明，配方奶粉受欢迎的主要原因是"断奶"的含义发生了彻底的变化。不久前中国各地对"断奶"的理解，都是母亲让孩子习惯母乳以外的食物（Huang 2002）。然而，我从内地以及香港一些受访者的谈话中了解到，"断奶"有了新的含义："断掉母乳，食用奶粉。"此外，我的受访者普遍认为，婴儿在6个月之后就不应该继续母乳喂养，而应该尽早食用配方奶粉。张女士是一个女孩的祖母，她这样描述喂养孙女的经历：

> 我们的孙女非常聪明！她三个月的时候就断奶了。现在喝的是进口美赞臣A+配方奶粉。她口味很挑剔，只喝进口配方奶粉。我还给她喝蜂蜜水，帮助她排便。

这些生活在当代社会的祖母之所以有这样的观点，是因为她们坚信，母乳的营养价值从孩子三个月后就开始急剧下降。也就是说，孩子三个月后母亲继续母乳喂养是不合适的，也是不科学的，因为这样做会剥夺孩子"公平人生的开端"。如今，若要养育一个聪明伶俐的孩子，就需要为孩子提供最佳的身体、文化和社会条件，以充分发挥其潜力。近年来，"让孩子赢在起跑线上"已经成为内地和香港的教育目标，这句话被顺德的私立补习学校、音乐培训中心、玩具制造商、旅行社和儿童食品生产商广泛采用，成为一句最受欢迎的广告口号（Yang 2012）。因此，家长们有了一个新义务：独生子女在三个月大后，就要给孩子喝营养丰富、采用先进科学技术生产的配方奶粉，这样才能把孩子培养得既聪明又有创造力。

中国父母选择配方奶粉（一种增强儿童身体和

认知能力的技术）的喂养方式，与中国的独生子女政策有直接关系。如关宜馨所述，父母们已经内化的道德义务和焦虑感是中国人口政策的结果，家长们需要用"科学"的方法培养孩子的高智商，增强孩子的体质。通过对21世纪初昆明中产阶级父母的民族志研究，以及对流行育儿文献的分析，关宜馨认为"作为家长，父母不仅要保证孩子具有竞争优势，还有责任把孩子培养成为一个性格健全、有创造力的未来创新者，为国家发展作出贡献的人"（2015，18）。独生子女政策和素质教育是中国政府提高人口素质的两个重要政策，目的是发展知识经济，把国家建设成一个世界先进国家（Green-halgh 2011，21）。有了这样的思想认识，中国的牛奶消费不仅是一种个人行为，而且是一种政策行为，是履行好公民责任的一种体现。作为一个好公民，就要为孩子积极创造健康和"国际化"资本，让孩子将来能够为民族自强和国家繁荣尽自己的力量。

民族主义者希望通过现代化、工业化、科学和技术让国民变得强大健康，这是鸦片战争以来，中国经受了一系列历史耻辱的结果。鸦片战争后，中国与欧洲列强签署了诸多不平等条约，沦为半殖民地半封建社会（Dreyer 1995）。最早把现代营养科学作为一洗20世纪20年代中国所经受一系列耻辱的战略进行推广的可能是牛奶和制药公司本身（Lo 2009，164—165）。例如，1920年，当时在上海最具影响力的报纸《申报》上刊登的"鹰牌"炼乳广告表明，世界上的人可以分为两类：不喝牛奶的中国人和喝牛奶的欧洲人和美国人（Lo 2009，168；*Shen Bao* 1929）。广告称，牛奶占欧洲人和美国人饮食结构的15%至25%，因此他们的身体更强壮，寿命更长，儿童死亡率更低，甚至连社会和教育制度也更好。西医与国家强大之间存在关系的论述愈来愈占据上风，1929年，甚至引发了废除传统医疗，发展现代医疗卫生的相关讨论（Agren 1975，41；Palmer 2007）。第二次世界大战后，营养科学的全球化也影响了人们对婴儿健康食物的观点和对断奶食品的看法。

虽然从20世纪40年代开始，许多中国人就已经意识到了外国牛奶的营养价值，但对配方奶喂养的重视是最近才开始的，很大程度上归因于内地和香港制定的官方饮食指南。20世纪70年代，内地许多地区和香港都有报告称断奶后的婴儿存在营养不足的情况,这不仅仅是因为家庭贫困,还因为文化因素对人们饮食习惯产生的影响(Field and Baber 1973;Leung and Liu 1990)。[12] 因此,自20世纪70年代以来,香港相关部门就开始提倡公民每天食用牛奶。与香港不同的是,在内地,中国营养学会于1989年发布了第一套膳食指南,大力鼓励人们对4个月大的婴儿采用配方奶喂养的方式。在2011年的新版《中国居民膳食指南》中,中国营养学会指出,母乳中缺乏维生素K和维生素D,因此食用母乳可能会对婴儿造成致命的后果:"母乳中维生素K的含量比牛奶低。因此,准妈妈必须摄入富含维生素K的食物,如绿叶蔬菜和大葱。"(Chinese Nutrition Society 2011,142)

对6个月以下的婴儿来说,母乳为最佳,中国营养学会也支持这一观点,因为母乳中含有易消化的蛋白质、矿物质、维生素,必需的脂肪酸、抗体和活免疫细胞,这些元素最适合婴儿,也至关重要;但中国营养学会也明确表示,母乳并非质量都高。母乳的质量高低取决于哺乳期母亲自身的饮食和行为(Chinese Nutrition Society 2011,141—142)。根据该指南,如果母亲没有摄入富含维生素K的食物,那么母乳喂养的婴儿可能会患上"凝血功能障碍性疾病",甚至可能致死。此外,该指南还指出,如果孕期母亲缺少阳光照射,也没有摄入足够的富含维生素D的食物,母乳质量将"无法满足婴儿的需求"(Chinese Nutrition Society 2011, 142),[13] 从而导致婴儿可能患上软骨病和骨骼发育不良症(Chinese Nutrition Society 2011, 144)。最近有一项研究对中国5个高度城市化地区的居民进行了调研。由于受访对象长时间在室内工作,结果只有约5%的受访者维生素D水平达到健康标准(Abkowitz 2015)。相比之下,美国疾病控制和预防中心于2011年所做的一份调研报告中,约67%的美国人口维生素D水平良好。众所周知,维生素D能够促进骨骼的形成,改善免疫系统(Yu et al. 2015)。然而,在中国的膳食指南中,维生素D和维生素K已经成为木村(Kimura)所称的"魅力营养",不仅具有科学的营养价值,而且能够解决孕期母亲健康状况不佳的问题,这些问题是随着中国经济的崛起,以及长时间在室内工作产生的(2013, 19)。然而,在同等情况下,如果使用配方奶粉喂养婴儿,就不会存在上述

第四章　配方奶喂养——母爱、成功和社会身份的象征

问题，因为中国政府规定，每100克配方奶粉中最少需要含有22微克维生素K和200—400个国际单位的维生素D。

　　中国营养学会发布的一套膳食指南中，强调了配方奶粉对4—8个月大婴儿成长的重要性。根据指南的论述，婴儿6个月以后，就应该添加婴儿配方奶粉和固体食物的比重，并持续到孩子一岁及以后（Chinese Nutrition Society 2011，150）。而世界卫生组织发布的营养指南与之有很大不同，世界卫生组织鼓励对6个月以上的婴儿继续进行母乳喂养（World Health Organization 2019a）。中国营养学会的指南建议，对4个月以上的婴儿应用配方奶粉代替母乳，其中最重要的一个原因是，这时母亲的泌乳量和母乳中的营养（如铁含量）都会减少，仅食用母乳无法满足婴儿快速生长的营养需求（Chinese Nutrition Society 2011，151）。因此，人们认为配方奶粉营养全面，在婴儿成长到6个月大后，就应该把配方奶粉作为孩子的必需品。由此，中国营养学会的指南提倡将配方奶粉作为孩子的最佳食物，以确保婴儿断奶后获得足够的营养，同时建议父母每天给1—5岁的儿童冲服300—

600毫升配方奶粉（Chinese Nutrition Society 2011，165）。

中国营养学会甚至重新定义了"断奶期"的概念，倡导从孩子7个月起开始配方奶喂养。该学会发布的膳食指南指出，传统意义上的"断奶"具有误导性。在中国，传统意义上的"断奶"是指停止孩子的一切奶源，改食半固体和固体食物。然而，中国营养学会建议，儿童应继续食用配方奶粉并一直持续到5岁以后。根据中国营养学会的定义，"断奶"一词只是指停止母乳喂养，不包括配方奶粉。我的很多受访者在讲述自己喂养婴儿的过程时，也反复提到了这一观点。

从历史上看，大多数中医文献表明，从两岁左右起，婴儿的食物应该从母乳改为半固体食物如米粥，5岁以上的儿童不宜食用牛奶（Kou 2015）。宋朝时，孩子如果到了三岁还没有开始食用固体食物，就会被认为是被家人宠坏了，孩子的脾胃也会因此受到损害（Liu et al. 2012；Zhou 2012）。[14] 虽然关于断奶的时间，中国有相关指南，但大多数中国医生一致认为，根据孩子的情况，断奶的时间可以提前。例如，在清朝时期，名医王孟英建议体型强壮的孩子，一周左右就可以断奶，改喂粥（Wang 1990）。然而，清朝儿科名医周士祢指出，有些孩子两三岁前不能断奶，否则就会生病（1990）。

那么在中国进入现代社会之前，孩子断奶后，应食用什么食物？大多数情况下，孩子断奶后，会食用半固体的粥类食物，然后开始食用固体食物。最常见的粥是将大米或玉米碾碎后加水煮至黏稠状（Hsung 1995）。如果母亲不能进行母乳喂养或孩子生病了，也可以使用哺乳动物的乳汁，如猪奶、羊奶和牛奶作为辅食或断奶食品。名医寇平认为，猪奶对新生儿尤为有益，能够治疗破伤风和由惊吓引起的疾病。换言之，用牛奶作为断奶食品是一种相对现代的文化行为，因为数千年来，中国的婴儿从断奶后就直接过渡到了半固体食物，没有再摄入任何乳制品。

当代中国的膳食指南也肯定了一些健康理念和乳制品对人体的益处，这在很大程度上是国内外乳品公司努力游说的结果，这些公司投入了大量资金研究配方奶粉和母乳，形成一套科学知识（Mak 2017；Nestle 2018）。第二次世界大战后的"婴儿潮"期间，生产婴儿配方奶粉的乳品公司大幅扩大市场，1946—1956

年，美国的母乳喂养率降低了一半，1967年又下降了25%（Minchin 1985，216）。20世纪60年代，发达国家的出生率开始迅速下降，这对制药公司来说并非好消息；与此同时，在发展中国家，奶粉的销售额逐渐增长。在东南亚，雀巢和其他一些大型跨国公司因使用误导性营销策略，说服母亲们用配方奶粉代替母乳喂养，这一做法遭到了当地居民的抵制，于是这些公司又将目标转向了那些对配方奶粉广告相对宽松的市场，例如中国市场（Gottschang 2007；Nestlé 2002，145—146；Van Esterik 1989，1997，2008）。

近年来，人们发现，大多数医学研究都得到了大公司的赞助（Angell 2008；Relman 2008）。例如，美国全国乳品业理事会（National Dairy Council）有自己的研发部门，制定了自己的膳食指南，强调食用牛奶的重要性，并保证牛奶在学校的充分供应（National Dairy Council 2017）。该膳食指南建议将乳类食品的每日食用量提高到3—4杯。乳业投入了大量资金，在《纽约时报》上做了整版广告，提醒人们钙摄入量不足是一项"重大突发公共卫生事件"，"饮食上获得钙的最佳方式……每天至少喝3杯牛奶"。[15] 美国全国乳品业理事会还对原指南草案中的几条建议提出了反对意见。美国全国乳品业理事会主张对"高脂肪"食物制定更高的标准,反对将豆浆饮品纳入乳制品类别,反对提倡乳糖不耐症患者选择乳制品以外的钙源的建议,呼吁为儿童制定专门的营养指南,对膳食脂肪的限制应适当宽松。这一切,表面上看是以健康为名,但实际上也是为了进一步提高销售额(Nestlé 2002,81)。通过控制医学研究和食品科学研究的方向,以及通过对科研知识和学术出版物的影响,乳品公司和国家都从中受益,前者获得了更高的利润,而后者获得了更多税收,国家及其公民则认为自己培养了"高素质"人才,能够在当今全球经济中取得成功(Greenhalgh and Winckler 2005)。

## 配方奶喂养体现自我;母乳喂养成"他者"

加林娜·林德奎斯特(Galina Lindquist, 2001)对当代俄罗斯医疗体系进行了分析,这一研究与回归后的香港和改革开放后的内地,人们通过各种物质实体、人和事件构建为人父母的意识和人格意识的研究有一定相关性（Bakhtin 1981；Bruner 1986；Rosaldo 1984）。林德奎斯特（2001，18）指出："在俄罗斯，人们可能最后才会考虑改善健康的策略；但这些策略也是政策和思想观念的表现，体现了人们对身份、不同社会群体、文化和思想的认识变化以及对过去和现在的态度。"经历了体制改革之后，俄罗斯追求多元化健康策略的行为，以及中国如今在配方奶粉方面的消费，都存在个人能动性，只不过这种能动性会受到外部环境因素的制约。使用和研究不同配方奶粉，正是我所采访过的中国父母采用的一种方法，将自己定位为关心婴儿健康成长和未来发展的公民群体，也是确保健康和安全饮食的一种积极策略。

至于比较贫困的中国工薪阶层父母，通常买不起昂贵的进口配方奶粉，但也有其维系自己社会价值的方式。那些在外打工的母亲们，会把国产的优质配方奶粉作为补品带回家送给孩子，以此表达她们对孩子的爱和关怀，也以此彰显自尊。工薪阶层的父亲们会努力通过获得额外收入购买质量更好、品牌更优的配方奶粉。喜欢在香港购买"正宗"进口品牌配方奶粉的上层和中产阶级父母因此在全球化世界中占据了一

## 第四章 配方奶喂养——母爱、成功和社会身份的象征

席之地。在"一国两制"的基本国策之下,香港人的各项权利得到了很大程度的尊重。对跨境购买配方奶粉行为的分析,既是对营养科学的作用提出了质疑,也提出了有关乳制品地缘性的问题,即两地政府在食品安全、公共卫生和资源配置方面对其公民所承担的责任问题。

虽然社会环境和历史环境对人们的选择显然具有约束作用,但我希望这一章能够说明内地和香港两地的父母发挥其作为父母的道德能动性的方式,虽然也有意想不到的后果,但他们都会各尽其职。在香港,虽然都认可"母乳最好"的说法,但也存在患有"母乳不足综合征"的成功职业女性采用配方奶喂养的情况。"成功女性不能母乳喂养"已经成为这些女性的座右铭。香港回归后,内地和香港在教育和其他资源方面的竞争日益加剧的情况下,中产阶级母亲选择配方奶喂养的行为,反映了父母为孩子提供更好生活机会的愿望。在这种情况下,内地和香港的母亲将配方奶粉当作一种技术,以便在数字时代日益分散和不稳定的就业市场中得以生存下来,并追求理想的生活方式,同时也体现了社会新政策下的自律性工作。

在中国，配方奶粉与营养科学、城市化、健康以及父母义务都在广泛的配方奶喂养行为中均有所体现，说明我所采访过的母亲们和祖母们已经将中国营养学会发行的膳食指南内化于心，成为她们的核心健康理念，影响她们的日常行为和对他人的道德判断。配方奶喂养的社会规范也使得在外工作的母亲获得了更好的职业和生活机会——母亲不在孩子身边时，配方奶粉帮助她们履行了（即使不是完全履行，也是部分履行）保证孩子营养的义务。

在内地和香港，父亲们热衷于为孩子购买进口配方奶粉，他们深受中国传统思想的影响，即男人有责任养家糊口，为孩子的未来创造条件。然而，如迪恩·柯伦（Dean Curran）富有预见性地指出，"当人们的谋生手段需要通过市场调节时，就会出现一种相对优越的财富水平，作为一种社会力量，使拥有者能够更好地应对各种灾难，并始终能够第一时间拥有稀缺的社会商品"（2013，57）。基于对顺德的民族志调研，我发现，不仅是财富，社会和文化资本也增强了中产阶级父亲们提供安全食物的能力。这些能力也是他们作为男人男子气概和自尊的基石。生活在内地

第四章 配方奶喂养——母爱、成功和社会身份的象征

的父亲们,不仅通过购买进口配方奶,还会通过从香港购买"正宗"配方奶粉的方式,彰显的不仅是他们的经济实力,还有他们的社会文化资本,以及自己的社会地位。

配方奶喂养规范化所带来的意外后果是对母乳喂养的污名化,采用母乳喂养方式的人成了"他者",讽刺的是,采用母乳喂养方式的人,在其他社会反而是身份的代表。2015年,一家总部位于北京的非政府组织在微博上发布了一张中国母亲在拥挤的地铁上哺乳婴儿的照片,要求这位母亲不要"裸露(你的)性器官",并表示"这里是北京的地铁,不是你们村的公交车"。这种情况并非第一次出现,也不会是最后一次,表明许多中国人无法容忍母亲在公共场所下进行母乳喂养的行为(Ho 2015)。香港也发生过类似的情况,有一位母亲在弥撒期间因为母乳喂养而被赶出教堂。还有一位母亲因为在办公室找不到母乳喂养婴儿的地方,不得不在出租车上坐了30分钟(Fung 2017)。

这些事件不仅反映了城乡结构下的人,以及社会不同阶层的人对婴儿喂养方式的态度和选择上存在的分歧,还表明营养科学和乳品公司的营销活动对当

代内地人和香港人的影响，使他们形成了对食物、身体和身份的不同思考方式。在风险社会时代，明智的喂养方式和正确的饮食方式既是良好公民的义务，也是一个人在社会等级制度中身份的定位。如上文提到的微博，母亲在地铁上、餐馆里、游乐场和市场里进行母乳喂养的行为，常与农村、"不文明"和"不道德"行为联系在一起，加剧了社会对某些阶层、某些婴儿喂养模式的污名化。婴儿喂养方式和社会阶层偏见之间的冲突不断积累，是对选择母乳喂养的母亲和购买本地品牌配方奶粉的母亲的一种歧视。

许多中产阶级职业母亲所经历的"母乳不足综合征"的医学化，以及幼儿挑食精神障碍的日益严重（我将在下一章中讨论这些内容），掩盖了这些母亲和幼儿面临的结构性问题：始终存在的性别不平等问题，女性无法在就业市场中感受到安全感，以及日益严重的学业压力和教育中普遍存在的竞争压力。人们通过配方奶粉解决以上问题，缘于一种特定的"身体文化"，以及与科学、国家和市场相关的各种政策。这些差异、行为和希望及其所反映的思想和意识，分别对回归后的香港人和改革开放后的内地人进行自我创造起到了至关重要的影响。因此，如为婴儿提供婴儿配方奶粉以及为挑食者提供专用配方奶粉等食品策略，反映了人们通过话语和身体行为对自我进行重塑的方式，这些话语和行为体现出人们对科学、政策和市场的态度。母乳喂养方式因为配方奶粉的话语而备受污名，以及母亲们因为无法产生足够"优质"的母乳而感到的恐惧，使得配方奶粉公司大受裨益；而另一方面，质疑这些母亲是否具备在现代社会被视为人格和良好公民所必需的素质的行为，也威胁到了哺乳期母亲的健康。

# 第五章

医药关系网络：塑造疾病　给予希望

2015年初冬的一天，阳光明媚，斯曼的公寓里充满了欢声笑语，她住在香港新界东部的西贡区。今天是她的儿子浩中的生日，家里正在为他举办生日派对，小男孩刚满5岁，精力充沛，正和小朋友们在房间里打闹玩耍。我儿子和浩中是同学也是好朋友，受邀来参加他的生日聚会。孩子们（大部分是男孩）玩耍时，母亲们则围坐在餐桌前聊天：

斯曼：我有点担心浩中。他太挑食了。只爱吃面包和少量的肉，不喝牛奶，也不喜欢吃蔬菜。营养根本不够啊。看他现在太瘦了。上周感冒了还请了一天假。我真担心他学习跟不上。

雅慧：威廉也一样。所以我每天让他喝两次奶粉（美国产的营养强化配方奶粉），早晨一次，下午一次。

我：威廉爱喝奶粉吗？

雅慧：特别爱喝。是香草味的，很甜。可问

题是，他喝了一大杯牛奶后，晚餐就吃不了多少饭了。不过问题不大，这样一杯特殊配方的奶粉里含有孩子一餐所需的所有营养。

在我看来，整个下午，斯曼、雅慧和其他家长都在展示她们各自的育儿"策略"，以应对孩子挑食问题和香港特有的学业问题。接着，我们又讨论了孩子们即将步入小学的情况，为了能让孩子进入精英小学，家长们又是研究各种信息，又是做各种准备，承受了巨大压力。斯曼和雅慧在网上查询了各学校的排名信息，还咨询了专家的育儿意见，专家反复强调家长培养孩子正确的饮食习惯和学习习惯的重要性。

本章将探讨制药公司通过将"挑食行为"打造成一种疾病，向家长们推销营养强化配方奶粉的过程。人类有能力选择安全、美味且营养的食物，避免食用有毒或营养价值低的食物，这是人类进化过程中形成的一种良性机制，增加了人类的生存机会，也使生活更加愉悦（Birch et al. 1998；Cashdan 1998；Wright 1991）。挑食是儿童常见的一种行为特征，对孩子适应新环境尤为有益。例如，食物恐新症（不接受新食物）通常出现在幼儿时期并达到顶峰，它能够保护儿童避免食用未尝试过的、可能存在危险的食物（Addessi et al. 2005；Cashdan 1998；Wardle et al. 2003）。

然而近年来，这种重要的食物适应性选择行为却逐渐被医学化，成为一种"问题"甚至是一种"疾病"。"挑食"是一个现代名词，不同的国家对这个词的定义也不同。科兹纳（Kerzner）及其团队指出，喂养问题包含多种行为，程度由轻微的挑食或选择性进食到严重的喂养障碍，这种障碍已经被列入《精神病学诊断与统计手册》（DSM-V）和国际疾病与相关健康问题统计类目中（American Psychiatric Association 2013；Bryant-Waugh et al. 2010；Kerzner et al. 2015）。不同作者对挑食标准的描述也不同。根据英国伦敦大奥蒙德街儿童医院（Great Ormond Street Hospital）的标准，"选择性进食行为是指儿童进食种类少，不愿意尝试新食物，并且持续至少两年的行为"（Nicholls，Chater，and Lask 2000）。一些心理学家还将儿童食欲不佳、"有些挑剔"的行为也归为挑食行为（Jacobi et al. 2003；Wardle et al. 2001）。但是，通常情况下，挑食只是一个小问题，是暂时性问题，不应被视为一种疾病（Kerzner et al. 2015）。

然而，在香港，医生和营养学家都会告诉父母，孩子（尤其是幼儿）挑食可能会引起严重的健康和心理问题，会阻碍儿童的学习能力、身体发育和未来发展。据说挑食的习惯"增加了香港人患上糖尿病、心脏病、高血压、关节问题甚至癌症的风险"（*China Daily* 2011；Fan 2011）。专家建议，如果孩子存在挑食问题，家长一定要严肃对待，寻求专业帮助，否则孩子可能出现精神萎靡、嗜睡懒散、注意力不集中的情况。本地大众媒体广泛报道，香港近一半幼儿的家长都认为自己的孩子挑食，特别是不爱吃水果和蔬菜，家长们都不知如何应对（Man 2012）。虽然饮食行为对幼儿的健康发展很重要，但无论是在内地还是香港，人类学研究领域几乎没有涉及这一课题。

为了阐释"挑食"行为被转变为一种疾病的过程，本章首先将深入研究中国传统社会饮食行为与婴幼儿健康发展之间的关系。其次，我将讨论医药关系网络（全球公司、医生和政府之间的关系）对香港中产阶级母亲的医学知识、疾病（尤其是挑食问题）认识和日常健康管理产生的影响（Petryna and Kleinman 2006）。

## 食欲与"气"

在研究挑食行为如何成为现代中国社会的一种疾病之前，我们必须了解中国古代儿童饮食行为与健康发展之间的关系。中国的营养疗法历史悠久，也是一种哲学思想，这套疗法同时融入了中国关于天象和环境的概念（Anderson 2000；Hu 1966）。食物与健康密切相关，食疗可治疗疾病、改善身体问题（Kleinman 1976）。文化人类学家尤金·安德森指出，早在东周时期，中国宫廷里的厨师就是宫廷里职位最高的御医（2000）。

幼儿如果食欲不佳，进食速度慢，食量小，进食种类单一，中医认为这是食积症的症状，需认真对待（Zhang 1978）。食积是由一个人"气虚"引起的症状。幼儿脾胃娇嫩，"气虚"会引发流涎、腹泻、食欲不振和体重下降的情况。食积通常是一种消化不良反应，是食物和营养过剩的结果（Gong 1999）。生物医学疗法中,如果幼儿食欲不佳,可以通过喂养营养强化配方奶粉进行改善。但传统中医理念与之不同,对于幼儿食欲不振的问题,中医通常建议根据儿童的身体状况和"食欲不佳"的根本原因,通过降低或提高营养水平来调整饮食。

## 医药关系:挑食综合征的塑造

如上所述,为了了解营养强化配方奶粉的受欢迎程度及其消费方式,有必要了解其通过医药关系进行营销和推广的方式。尽管从20世纪70年代开始,香港把奶粉视为确保婴幼儿健康成长的神圣必需品,但是很少有使用营养强化配方奶粉解决孩子"挑食综合征"问题的情况。制药公司以此开发市场。他们携手医生、主管部门和媒体,共同实现了营养强化配方奶粉的营销现代化和现代消费。

若是没有1981年颁布的《母乳代用品国际销售守则(规范)》,就不会有20世纪80年代中期,关于6个月以上婴幼儿食用的后续配方奶粉的研究预算激增的情况发生,也不会出现20世纪90年代这些奶粉产品品种和营销活动大规模扩大的现象。这批规范禁止播放所有目标消费人群为6个月以下婴儿的配方奶粉广告。最初，营养强化配方奶粉是针对病人和老年人开发的，是面向有管饲需要或存在正常膳食消化问题的人群推广的（Liang 2014）。例如，雀巢网站上的产品信息介绍，儿童佳膳（Nutren Junior）配方奶粉富含50%的乳清蛋白，可用作管饲饮食或口服补充剂（Nestlé Health Science 2019）。信息中还指出，该配方奶粉需在医生的指导下食用。换句话说，这种营养强化配方奶粉主要用来作为病人的膳食替代品，用量需遵医嘱。

然而，21世纪初，大型制药公司在没有大量投资产品开发的情况下，为了扩大业务，想出了一个聪明的办法，将营养强化配方奶粉的市场从有限的住院管饲患者扩大到范围更广的普通人群，即中国和东南亚国家存在挑食现象的健康儿童。例如，儿童佳膳配方奶粉在香港上市时，就是面向新生儿和10岁以下存在挑食问题的儿童。惠氏公司（Wyeth）甚至为亚洲市场的年幼挑食者量身定制了一款营养强化配方奶粉"惠氏S26金装膳儿加（S26 PE GOLD）"，惠氏公司声称奶粉中含有人类所需七大类膳食中的所有营养素（Wyeth Nutrition 2015）。

在市场营销中，销售产品之前必须先创造需求；同理，销售药物之前，必须创造出需要这种药物的疾病（Lane 2006）。通过对营养强化配方奶粉营销活动的研究，我发现，幼儿常见的各种饮食行为，如对某些食物的偏爱、两餐时间间隔长和拒绝吃某些种类的食物，在奶粉的广告宣传中都成了挑食综合征的主要症状。

挑食行为之所以会被宣传为一种疾病（一种异常精神和行为障碍），是因为在《精神障碍诊断与统计手册》（DSM-IV-TR 2000）中，饮食障碍的定性标准被扩充（Sadock et al. 2009）。英国的一项研究发现，如果按照《精神障碍诊断与统计手册》的标准，存在饮食问题的儿童中有一半都符合"未加说明或不能分类的进食障碍"（EDNOS）的症状（Nicholls，Chater and Lask 2000）。2013年颁布的《精神障碍诊断与统计手册》中，将婴儿进食障碍重新命名为"回避/限制性摄食障碍"（2014年第一版）。

为了最大限度地扩大市场规模，制药公司努力将营养强化配方奶粉的客户群扩大到偶尔出现挑食行为的儿童，而不是仅限于被诊断为回避/限制性摄食障碍的客户。通过与心理学家、营养学家和医生的合作，美国雅培公司塑造出了一种名为"喂养困难"的新疾病，产生了与《精神障碍诊断与统计手册》中"回避/限制性摄食障碍"类似的负面健康后果。这一新的疾病类别包括更广泛的心理反应和行为，如食欲不佳、进食缓慢等（大多数儿童都存在这些情况）。为了设立检测这种新疾病的标准，雅培公司于2011年开发了一种目的评价工具"爱饭达"（IMFeD，Identification and Management of Feeding Difficulties for Children），帮助儿科医生准确识别和诊断存在喂养困难的儿童（Garg，Williams，and Satyavrat 2015；Kerzner et al. 2015）。

## 与医生携手：创造知识和希望

若是目标受众不能强烈地感受到某些行为或身体状况是不正常的，这种新创造出的疾病也不会得到认可。对于制药公司而言，有一个坏消息，一项调查结果显示，香港只有28%的母亲担心孩子（3—12岁）的健康问题。大多数母亲只关心孩子的学习成绩（Watsons Pharmacy 2003）。

为了创造与这种"新型挑食障碍"及健康风险相关的知识和理念，制药公司需要与医学家、医生、护士和健康推广者合作，通过期刊出版物、会议和讲座的方式共同创造和传播相关知识。近年来，人们发现大多数医学研究都得到了大公司的赞助（Angell 2008; Relman 2008）。如2010年在内地和香港进行的一项研究，对153名存在挑食问题的儿童（30个月至5岁）进行调研，就是一项企业与学术结合的活动，旨在研究挑食综合征。这项关于中国幼儿饮食行为的研究，由来自内地和香港几所大学的4名教授主持，成员包括香港中文大学儿科学系主任梁廷勋教授以及来自为该研究提供赞助的一家制药公司的6名医学家（Sheng et al. 2014）。

梁廷勋教授和盛晓阳教授的一篇期刊论文产生了重要影响，文中他们将挑食行为归为一种疾病，认为其对儿童及其照料人都会带来严重身心健康风险。梁教授及其团队将儿童照料人所描述的，存在"摄入食物数量有限，和/或对某些食物存在强烈偏好，不愿意尝试新食物，进食速度慢，食欲不佳，和/或食量不足"的行为，都定义为挑食行为（Sheng et al. 2014），认为需要医疗干预。如这篇医学论文所述，有挑食行为的儿童摄入的总热量、蛋白质、维生素、矿物质以及特定食物组（如蔬菜和水果）水平可能都较低。挑食行为可能会演变成一个长期问题，多达40%的孩子挑食行为持续了两年以上，这让照料人和家人对孩子的成长和发育产生焦虑。因此，尽早解决孩子的挑食行为至关重要，这样孩子就能正常发育、摄入充足的营养，让照料人放心。就此而言，医学教授与制药公司共同创造了疾病相关知识，内地和香港把一些饮食行为正式归为"挑食综合征"。

美国营养政策顾问玛丽昂·内斯特莱（2002，2018）指出，大多数由行业资助的研究得出的结论和建议往往都是利于行业发展的，因此，梁教授的研究结果无疑会建议人们为那些年幼的挑食者购买品牌商赞助的营养补给品，在短期内改善挑食问题，促进孩子充分发育。但从长远来看，挑食行为还需要通过营养咨询来解决（Sheng et al. 2014）。因此，挑食综合征可以被理解为，是制药公司"塑造"的一种疾病（Moynihan and Cassels 2005），对公众获得的饮食建议产生影响，同时也为其产品树立了良好形象。事实上，企业与专家合作，尤其是与医学专业人士和学术专家合作，明显是一种企业战略，能够触及营养专业的核心（Nestle 2002）。

## 风险资本化、竞争文化与考试高分的必要性

为了提高人们对挑食综合征及其健康风险的认识，制药公司把营养强化配方奶粉的营销预算（广告费）从2000年的1%增加到2012年的15%，广告支出总额超过4.05亿港元（*Ming Pao* 2014）。我将聚焦最受欢迎的营养强化配方奶粉广告，来解读母亲们熟知的挑食"疾病"。

由于大多数香港母亲更关心孩子的学习成绩而不是健康问题（cf. Park et al. 2014），因此从21世纪初开始，面向挑食者的营养强化配方奶粉广告中共同的主题之一是，这种公认的进食障碍对孩子在学校和课外活动中的表现会产生巨大的负面影响。

2013年，一家美国制药公司推出"你确定吗？"的营销活动，直接传达出挑食综合征可能导致学业成绩不佳的信息（Chan 2013）。以一个问题"总是生病，还能上学吗？"开头，广告中有一个4岁的女孩，看着桌上装满了蔬菜的午餐盒，无精打采、毫无兴趣。类似的平面广告、电视广告和网络广告等，描绘了一些孩子郁郁寡欢、无精打采的样子，并配上一个标题，如"吃饭吃了一个小时，有这么难吗？"生产配方奶粉的乳品公司网站主页上，有一块黑板，上面用白色粉笔赫然写着"孩子挑食，成绩不稳"。广告的正文部分进一步解释道："如果缺乏必要的生长元素，孩子的学习能力会下降，身体生长和智力发展都会受到阻碍。"随后一个大圆圈里写着"成绩落后"。

由于香港的大多数父母并不认为挑食是一种疾病，因此此类广告的一个主要任务就是敦促母亲验证挑食。在香港，家长可以在线使用"爱饭达"来自我诊断，评价涉及广泛的挑食行为，如与同龄孩子相比，有些孩子一段时间内对某些食物不感兴趣。由于幼儿喜欢的食物会受到文化的影响而各不相同，因此几乎每个孩子都有可能存在某些挑食行为，因而缺乏某些必需的营养素。香港有两家国际制药公司，生产本地最受欢迎的配方奶粉，其官方网站上强调，由于挑食，被诊断患有挑食综合征的儿童，其骨骼、牙齿、肌肉的发育都滞后，他们的免疫系统、视力、学习能力和记忆力可能都会受到损害。

一家生产配方奶粉的乳品公司还利用学术研究和社会风险触发家长的焦虑感，设法提升他们对挑食综合征的"意识"；而另一家乳品公司则宣传其营养强化配方奶粉能够提高幼儿课外活动的表现。在2013年推出的一则30秒电视广告中，可以看到一个7岁的小男孩，信心十足，戴着泳帽准备跳入水中；一个穿着西装的男孩正在饶有兴致地下棋；一个穿着粉色短裙的女孩正一丝不苟地练习芭蕾舞。画外传来一位女士的声音，代表所有的母亲传达了广告的核心信息："每个孩子都与众不同。但他们都有一个共同点，那就是潜力无限。作为一名母亲，我选择'佳膳'……为现在，为将来做准备。"

在香港，如果孩子在棋类、芭蕾舞和游泳等课外活动中表现突出，这些课外活动表现就会成为进入精英小学的加分项。此外，家长们把孩子获奖的照片发到社交媒体上,就能获得大量的"赞",以强化社会地位和自尊,从而增强了他们通过食物改善孩子身体健康的意识。

总之,人类的某些特征和行为,如挑食和腼腆,曾经被视为是中性甚至是可取的行为,而今却成为疾病——需要使用药物控制脑化学的功能(Talbot 2001)。广告中称营养强化配方奶粉能够增强孩子的免疫系统,提高智力、学习能力和记忆力,因而被认为是一种完美的食物,能够提高孩子在学校的竞争力。医生和营养学家将挑食行为与学习、体育和竞技活动中的不良表现产生联系,降低诊断阈值,并让消费者关注挑食带来的严重问题,进一步强化了"挑食是一种疾病"的认知。

## 政府影响力

第二章提到,港英时期香港引进并消费外国牛奶和配方奶粉(Cameron 1986)。外国牛奶的日益流行与当时的政策制定者根据生物医学方法推行的健康普查和饮食指南密切相关。与世界其他城市的政府机构一样，香港的相关部门采纳了世界卫生组织和联合国粮食及农业组织（FAO）制定的健康标准和饮食指南。此外，自20世纪70年代以来，香港相关部门一直提倡食用牛奶，建议每人每天喝两杯（即480毫升）牛奶。这些建议也是根据中国和美国的标准，为了满足人们的钙摄入量而提出的。传统的中餐通常不含牛奶，很难满足每天1000毫克的钙需求量。瓦朗斯指出，营养科学使牛奶从"病人和儿童的主要食物"转变为欧美社会人人都食用的食物（2011）。为了提高人民的健康水平，2010年之前，香港特别行政区政府推行对新生儿免费发放配方奶粉的政策。

虽然为了确保中国人能够摄入足够的矿物质，尤其是钙元素，香港特别行政区政府大力鼓励人们食用牛奶，但并没有建议挑食的人食用专用配方奶粉。政府在其官方网站上以及发放的宣传小册子和传单上明确指出，"为挑食的人专门设计的配方奶粉含糖量高于普通配方奶粉或新鲜奶。如果长时间食用挑食者专用配方奶粉，会影响儿童对普通牛奶的食欲，进一步加剧他们的不良饮食行为"（Government of Hong Kong SAR 2016）。

为了规范市场上关于配方奶粉的误导性营销宣传，防止对儿童健康造成长期不利影响，香港卫生署于2010年成立了香港母乳代用品销售特别工作组，并草拟了《香港配方奶及相关产品和婴幼儿食品销售守则》（后文简称《香港守则》），于2015年完成初步提案（Government of Hong Kong SAR 2017b）。一旦这个提案通过审议，那些宣称能够降低婴儿患病风险的宣传信息将会被禁止，如关于婴儿配方奶粉、后续配方奶粉以及婴儿和36个月以下儿童预包装食品的宣传信息。

为了减少因市场营销活动受限而造成的巨大商业损失，雅培制药有限公司和雀巢香港有限公司等八大配方奶粉制造商于2011年5月成立了香港婴幼儿营养协会（HKIYCNA）。为了保护协会成员的利益，香港婴幼儿营养协会聘请知名医生和营养学家担任协会高级职务，如聘请香港营养协会主席作为执行专家组成员。此外，该组织还提出了另一套《香港婴幼儿营养协会行业规范》，允许制造商继续宣传和营销面向7个月及以上的婴儿和儿童的产品，并对健康专家们给予激励措施（HKIYCNA 2011）。

跨国制药公司与本地儿科医生之间的如此合作，既不是第一次也不是唯一的一次。一位德高望重的儿科医生告诉我，香港的儿科营养机构都是由制药公司创立，并为儿科营养研究和会议差旅提供资金支持，设立科研奖学金，在五星级酒店组织免费的研讨会和培训，传播知识，推广儿科营养科学。如今，大型制药公司的销售人员总是频繁地拜访医生，通过礼物和其他形式与医生建立良好关系，大多数香港医生对此早已习惯。2015年，香港儿科医学会投票反对政府通过《香港守则》。

## 营养科学与抵抗心理

挑食综合征所体现的文化表征对其预期受众也会产生影响，这一点不容忽视。美国著名的女性主义学者伊莱恩·肖瓦尔特（Elaine Showalter）在研究1830年至1980年英国精神病学历史中的女性主义时指出，只有大量患者都愿意接受解释其行为的医学术语后，才出现了歇斯底里症状（1985）。那么，我们不禁要问，母亲们是如何定义"挑食"行为的？她们如何看待相关健康风险？医生、营养学家和保姆对母亲们了解孩子的健康和疾病有什么影响？又会如何影响母亲们选择应对这种疾病的解决方案？

首先，我所采访过的人，为了评估孩子的发育情况，几乎都使用过公立和私立医院医生配发的1993年版亚洲人生长和体重曲线图（Leung 1995）。母亲们通常都会这样描述孩子的发育情况："我女儿15个月大，达到了曲线图中的第十个百分位数值。"如果孩子的生长不符合标准，就会用"低于生长线""总是在第三到第十个百分位数值之间徘徊"类似的表述。其他描述还有"赶上足月孩子的生长速度了"，"医生看到孩子的体重达到了'第三档'，都震惊了"，"我儿子4岁了，（体重与身高比）仍处于第三个百分位数值区间。有一次竟然低于正常生长标准。我现在正努力让他重新达到正常标准"。

其次，我在采访过程中发现，因为孩子挑食而给孩子食用营养强化配方奶粉的母亲中，有一半的受访母亲表示，她们之所以会使用这种配方奶粉治疗挑食综合征，主要是基于医生、营养专家和保姆的建议。珍妮的女儿20个月大，她说："我女儿从第三周到现在一直处于生长曲线标准中的第三个百分位数值（体重）。半年前，一位营养专家建议给她喝A品牌或B品牌的营养强化配方奶粉，因为这类奶粉的热量比普通配方奶粉高。"还有一半的受访母亲表示，给孩子喂食挑食专用配方奶粉，并不是受到了医生或营养专家的影响。医生反而认为她们的孩子虽然体重较轻，但发育正常。尽管如此，母亲们仍然担心孩子挑食会带来不良后果。一位母亲说：

> 我女儿又瘦又小，体重低于生长标准。虽然公立医院的医生说我女儿"正常"，但作为母亲，我还是很担心。她的饭量也很小，只吃一些粥或软米饭，吃饭速度慢，有时一点饭都不吃。我听说A牌或B牌的奶粉有助于增加孩子的体重。于是决定给她添加奶粉。

此外，我的受访者还告诉我，公立医院和私立医院里的医生所给的建议存在巨大差异。一位两岁孩子的母亲分享了她在公立医院和私立诊所的经历：

我女儿出生时体重在曲线图的第二十五个百分位数值，但是到了1岁，体重就降到了第十个百分位的数值。公立医院的医生和护士说没有问题。然而，我去一家私立医院咨询时，医生建议如果女儿的生长速度低于第十个百分位数值，就要给她喂食一些配方奶粉，否则会影响大脑发育。我听了就很担心。

第三，母亲们判断孩子挑食的方式，以及判断挑食产生健康风险的方式，只是部分（并非完全）与医学期刊中最新文章的内容以及制药公司的宣传一致。大多数受访的母亲都认为，如果孩子吃的食物种类较少，比如只吃白米饭或面包，或者摄入的肉、鱼、水果和蔬菜量不足，她们就断定孩子的饮食有问题。许多人认为他们的孩子患有挑食综合征，仅仅因为孩子没有遵循政府提出的饮食建议，没能每天喝够2杯牛奶。还有一项发现是母亲们对孩子吃饭速度的担忧，她们认为，凡是吃饭时间持续半小时以上就是有问题的饮食行为。我所采访过的给孩子食用营养强化配方奶粉的母亲，无一例外地都表达了她们对挑食行为及其潜在健康风险的恐惧和焦虑。

然而，也有报道显示，有些人对挑食综合征的医学化也存在抗拒心理。我采访过的一些母亲说，医生和护士告诉她们，只要孩子的发育指标良好，即使体重与身高指标在生长曲线图中处于较低的百分位数值，也不存在健康风险，不需要给孩子补充营养强化配方奶粉。事实上，大多数母亲对于究竟应不应该让孩子食用营养强化配方奶粉，也感到很矛盾。海伦有一个三岁的儿子，与我采访过的许多人一样，她非常担心营养强化配方奶粉的副作用，如痰液增多、便秘（营养强化配方奶粉的两个常见副作用）。她与我分享了她给儿子喂食两种最受欢迎的品牌奶粉的经历以及她做选择时的困惑："儿子吃了P牌奶粉（一种营养强化配方奶粉）4天后，大便开始变干，而且痰液增多。我想停止给他喂食营养强化配方奶粉，但又担心他营养不够。"

此外，有一小部分医生、营养学家和母亲也建议不要给幼儿喂食营养强化配方奶粉。菲比的孩子5岁，菲比本人也是一名营养学家。她说她看过一位知名儿科医生所著的《你可以不喝牛奶》（*Why You Do Not*

*Need to Drink Cow Milk*)一书后,深受启发,于是为客户设计了不含牛奶的营养餐(Leung 2005)。我所采访的另一位母亲认为,营养强化配方奶粉味道偏甜,孩子食用后,容易形成对甜食的依赖。还有人建议使用更"自然"的方法增强孩子的食欲,例如在食物中添加甜玉米增强香味,或者把胡萝卜切成飞机或恐龙的形状,从视觉上刺激孩子的食欲。

虽然大多数母亲都善于使用生物医学生长衡量孩子的健康状况,但也有许多母亲通过其他两种方式判断孩子体型是否达标。第一种是根据父母的体型来判断。一些受访者告诉我,孩子体型小是正常的,因为受到了遗传基因的影响。第二种与孩子的学习成绩有关。只要孩子在学校学习好,语言表达流畅,我所采访的母亲们都认为,体重和身高增长速度慢并不是严重的问题。卡门告诉我:

> 每次我们咨询营养学家时,她都会记录并评论我们在家准备的菜肴类型。她还建议我们给2岁的儿子添加P牌奶粉(一种营养强化配方奶粉),但并没有什么效果,儿子的体重也没有明显改

善。专家又建议我给儿子的米饭里加几滴食用油。尽管如此,他的体重也没有增加多少。我儿子现在上幼儿园小班,身高达到了曲线表中的第十个百分位数值,但体重只能达到第三个百分位数值。但是他除了体育项目之外,其他各方面都很出色。我也就不那么担心他的体重了。

还有一些受访者之所以没有选择营养强化配方奶粉,是因为看到了报纸上的负面新闻。报纸上有一篇文章的标题直接指出,"挑食专用配方奶粉"是导致挑食的原因,而不是治疗的方法。由于这些挑食专用配方奶粉大多是为管饲患者研发的,可作为代餐食用,一份奶粉代餐所含的热量和营养素(如蛋白质和钙)等于甚至大于美国膳食营养素参考摄入量(DRI)。换句话说,喝完2杯香草味营养强化配方奶粉后,孩子没有食欲是正常的,挑食行为也会变得更加严重。

## 童年医学化与疾病的文化建设

医学人类学家玛格丽特·洛克(Margaret Lock)

发现，现代社会对儿童行为医学化是政治、社会、文化和心理因素相互作用的结果。洛克在关于日本的民族志研究中发现，战后教育体系不尽如人意以及环境和社会的快速变化，导致越来越多的孩子虽然想上学，但躺在床上不想上学。这些儿童被诊断患上了"厌学综合征"，需要接受医学干预，如改变饮食，甚至进行电击治疗（Lock and Gordon 1988，401）。其他一些人类学家和心理学家在研究中也指出，儿童的这种现代疾病是文化建设的结果。例如，萨米·蒂米米（Sami Timimi）和埃里克·泰勒（Eric Taylor）认为，注意缺陷多动障碍（ADHD）是一种为满足现代社会的需要而被塑造出来的疾病。注意缺陷多动障碍"脱离了实际情况，将问题简单化，导致我们所有人（父母、老师和医生）都摆脱了培养孩子良好行为的社会责任……这有利于制药行业获取利润，制药行业被指为了扩大自己的市场，助力创造和传播了多动症的概念"（Timimi and Taylor 2004，8）。

本章中，我们研究了几个相互关联的问题："正确"饮食行为的含义所发生的历史转变，包括中国健康测量标准向英美标准的转变；生物医学重点和企业赞助的"功能性营养"之间的关联（Scrinis 2013）；最后我们会探讨儿科药理学中对正常性、社会竞争和适应性的基本假设。到目前为止，我们了解了对"挑食行为"这一独特的新型心理和行为疾病的塑造，经济、文化和社会力量所起到的推动作用，这一疾病给香港的幼儿带来了严重的健康和社会风险。

文化上，我们见证了"正确"饮食行为含义的历史转变，以及中国健康衡量标准向英美标准的转变。此前，基于中国传统医学理念，幼儿的挑食行为反映了体内外"气虚"。按照中国传统的健康理论体系，对食物的选择性和"挑食"行为是维系健康的必要条件，而不是对健康的威胁。然而，近几十年来，受生物医学营养学知识的影响，香港的许多母亲更加重视测量孩子的身高体重情况，关注医生、营养学家和育儿专家传递的信息，从大众媒体和数字媒体学习知识，了解判断孩子饮食行为健康与否的方法。

我的研究结果还表明，挑食行为的风险不仅体现在生物学层面，还体现在社会层面。"挑食流行病"这一概念也说明了这种行为被定义为一种社会问题。在当代香港社会，挑食已成为个人，尤其是儿童的一种"不健康"的心理和行为。作为行为"症状",挑食意味着儿童无法实现某些文化价值——聪明、精力充沛、有创造力和自信,无法拥有高大强壮的身体。人们不断地把挑食定义为一种不良问题,一种会导致孩子认知发育不全、学习迟缓、被动、身体矮小和虚弱的问题。因此,就应该给儿童食用营养强化配方奶粉,以免受到这些不良状态的影响。

20世纪60年代至70年代,传播生物医学知识,推广现代牛奶或配方奶粉也具有政策性。港英政府通过制定现代饮食指南,用牛奶填补儿童断奶后饮食中的"蛋白质缺口",这些做法均是为了体现自身对民众的关心、"有文化层次"并且具有"先进性",从而博取民众的认可。虽然20世纪90年代积极推广的配方奶粉,其营销活动中可能包含误导性信息,影响人们看待健康风险和选择喂养婴幼儿的方式(也引起了人们的担忧),但在香港回归后,政府并没有通过营销行为准则,也没有禁止此类广告。通过维护贸易和市场自由,政府的目的是保持城市的竞争优势,维持社会稳定秩序(Harvey 2005;Liu 2009)。

如当今研究所示,人类选择性地摄入食物,本是一种适应能力，而今却被视为一种疾病。科学与商业之间的利益冲突也正在改变专业分类和诊断中的道义经济。在这项研究中，我们的数据表明，医学观念是由治疗的目的决定的，而不是由疾病产生的原因或现象决定的。将配方奶粉作为处方药物的行为，通常都会涉及专业医疗咨询和相关症状的诊断，从而开出合适的药物，但现在需要重新审视这一过程。自上而下的数字游戏，加上医生相对脆弱的意志和渴望收到礼物的欲望，推动了营养强化配方奶粉的广泛推广。

挑食综合征和营养强化配方奶粉的推广使国际制药公司在经济上直接受益，也使本地医生和心理学家间接受益。挑食综合征的成功推广、食品和营养行业的现代化以及营销和消费方式的现代化，都促进了旨在为幼儿提供全方位、均衡营养的企业的发展，开发出了诸如"富含DHA"的食用油、"添加Omega-3"的糖果、"钙强化"早餐谷物、食物补充剂、糖果、谷类食品和零食产品。

从逻辑上看，儿童营养的生物医学转变可能是不可避免的，结果人们达成共识——身材矮小、学习缓慢、运动能力差、缺乏视觉艺术创造力等特征，都属于幼儿的发育问题，必须通过食物或药物进行干预。这一逻辑是在一定的政策背景下形成的：内地东南部和香港的幼儿之间为争夺教育资源和文化资本形成激烈竞争（Mak 2016）。此外，与中国其他主要城市相比，香港的社会结构不断发生变化，中产阶级家庭的焦虑感日益增强。虽然有一些母亲并不相信制药公司传播的医学信息，但人们对幼儿健康的身体、理想的能力的期望以及配方奶喂养的道德作用，都因为配方奶粉这一神奇商品的营销活动进行了重新定义。

权威发布的《精神障碍诊断与统计手册》和公共卫生原则制定的挑食行为检验标准，以及制药公司为推广挑食专用营养强化配方奶粉而推出的各种营销活动，虽然旨在改善儿童饮食健康，但是却严重威胁到了目标人群的健康。把饮食行为作为一种健康和道德衡量标准，给那些未能遵守饮食健康规则的幼儿恶意冠上了污名——许多所谓"有问题"的饮食行为对于他们而言本是正常的，甚至对某些儿童（地域和年龄不同）来说是一种适应性行为。

此外，香港一家公立医院的顾问医生黄明沁博士指出，用加了糖的营养强化配方奶粉治疗幼儿的挑食行为可能会导致孩子更挑食。黄医生告诉记者：

> 许多制药公司将营养强化配方奶粉作为解决儿童挑食行为的"捷径"来营销，宣传能够解决孩子营养不足的问题。许多家长因此被误导，在没有咨询任何医生的情况下，购买了这种最初为管饲患者设计的配方奶粉。但后来他们还是来找我，说："我给孩子吃了挑食专用配方奶粉，为什么他们还这么挑食？"请想一想，如果孩子们喝了奶粉，已经摄入了100卡路里热量，又怎么能吃得下日常食物？（Liang 2014）

那些挑食专用配方奶粉除了会导致孩子食欲下降外，乳糖酶不足的孩子如果把这种配方奶粉作为日常食物，可能会患上功能性肠道疾病和出现其他问题，如消化不良等。

然而，关于饮食行为和营养摄入的医学和科学准则是一套强大的道德规则，很少受到质疑，甚至很少引起人们的注意。通过医学语言传递的信息，体现了一种文化对优秀的孩子、称职的母亲和有责任心的公民的期望，孩子给予父母希望，能够通过孩子的学业成绩保护甚至提升自己的社会地位。最值得注意的是，配方奶粉和牛奶关于食品和健康的话语已成为21世纪初在食品与健康方面中国最有影响力的话语之一，这类营销活动在追求食品和饮食政策的过程中，利用并提高了产品的市场占有率。这些关于食品和健康的话语，要求每个中国人，尤其是母亲，认真对待有关"家人正确饮食"的话语。

# 结 论

## 世界食物体系、政府角色和个体医学化

在最后一章中,我将总结1950年至2010年顺德和香港牛奶消费的主要变化,并探讨导致中国"牛奶狂潮"出现的3个重要因素:世界粮食制度、政府的作用和现代生活的医学化。本文重点探讨了牛奶的"全球化"[1]和大融合以及经济医学化[2],不同于中国早期的大多数乳制品文化研究。我首先探讨了新的牛奶体系与本地牛奶传统的相互作用。我认为,在1950年至2010年的60年间,两地相关部门都是推动乳制品生产和家庭变化的主要力量。这些变化促进了中国牛奶的生产和消费,对人们的健康和生活环境产生了重大影响。最后,我以牛奶消费为视角,深入探讨了中国父母的道德体验,如他们在牛奶医学化过程中行使的自主性和能动性,与他们的工作、家庭生活和孩子的教育相互交织。

## 新牛奶体系与旧牛奶文化

自相矛盾的是,虽然中国人的乳糖酶耐受性很差，但是如今中国人却消费了世界上四分之一以上的牛奶。国际粮食政策研究所（International Food Policy Research Institute）发表了一份有影响力的出版物，商业分析师克里斯托弗·德尔加多（Christopher Delgado）及团队创造了"牲畜革命"一词，用于描述中国等发展中国家乳制品和肉类消费激增的现象（Delgado et al. 1999）。德尔加多（2003）指出："随着人均收入的增加，许多发展中国家被推上了'畜牧革命'的风口浪尖，对牛奶和其他动物源食品的需求量激增。""畜牧革命"与早期的"绿色革命"形成对比，成了畜牧业及相关部门开发人员和政策制定者叙事的主导"范式"。这一新范式的基本原则是，人口增长、人均收入增长和城市化发展相互结合，使发展中国家对动物源性食品的需求空前增长，既给人类带来了重大机遇，也构成了重大威胁。受这种宏大叙事的影响，许多学者认为，现代化、生活方式西化，以及牛奶作为促进儿童生长的象征意义，是中国人"需要牛奶"的主要原因（Wiley 2007）。本书阐述的因素，是以前的研究中所忽视的因素——二战后的世界食物体系以及中国原有的乳制品文化，都是值得密切关注的两个因素。

新建立的全球食物体系，其特征是国际公司通过在中国建立生产工厂、积极开展营销活动，以满足本地客户的需求，在牛奶和配方奶粉生产方面占据主导地位，对中国人的饮食方式产生重要影响。本书从历史的角度，以对比的方式，阐释了食品全球化和大融合的复杂性。采用民族志研究数据作为支撑，以避免对食物体系阐述的简单化，或者更准确地说，是避免对瑞士雀巢公司、法国兰特黎斯集团（Lactalis）和达能集团领导下的新牛奶体系的简单化（Coppes，van Battum and Ledman 2018）。我在引言部分概述了食品全球化始于殖民时代的过程，牛奶引入中国各地的情况也不例外（Friedmann 2005）。19世纪末，外国侵略者开始将欧洲奶牛引入香港和内地的主要通商口岸。此外，如果第二次世界大战后，欧美国家没有出现过剩的军用食品（如奶粉和炼乳），那么香港可能就不会出现用稀释炼乳取代母乳喂养的健康理论，可能也不会出现能够传承的奶茶制作工艺。此外，战后英美国家通过国际粮食援助计划，向不喝牛奶的国家出口牛奶，牛奶也因此进入了各社会阶层的日常生活中。

结　论　世界食物体系、政府角色和个体医学化

食品历史学家弗朗索瓦丝·萨班指出，中国人对牛奶的需求，并非仅仅是改革开放的结果。这种需求早在几个世纪前就已经形成了（Sabban 2014）。本书进一步阐释了，现代牛奶和物质文化的意义，不仅是由几个世纪以来中国本土的牛奶文化和烹饪传统决定的，也是由养育子女的道德价值观决定的。如第四章提到的一个案例，欧美国家专为亚洲市场量身定制的配方奶粉，DHA含量高，价格昂贵。这种配方奶粉的研发，并非因为改善婴儿大脑功能的科学研究有了突破性成果，而是领先制药公司为扩大亚洲市场精心制定的营销策略。优质牛奶品牌在欧美失去了吸引力，于是制药公司便将目标市场转向中国和东南亚，并迅速扩张。父母之所以愿意每月花费高达一半的工资购买进口配方奶粉，不仅是为了获得安全性更高的奶粉，也是父母社会地位的象征，更是为了实现自己的愿望，希望孩子未来学业有成。

诚然，外国食物成功地在中国本土化并不是什么新鲜事（Jing 2000；Watson 1997）。中国的"牛奶狂潮"之所以值得关注，是因为居住在世界各地的中国人改变了几千年不饮牛奶的膳食习惯，这一狂潮结合

了本地人对这一历史趋势的理解和事情发生变化的具体方式,而不仅仅是结果。牛奶狂潮的案例说明,在牛奶与本地饮食融合的过程中,本地传统牛奶文化发挥了重要作用,同时乳品公司和制药公司也发挥了重要作用。中国以前的牛奶文化研究主要侧重于现代性和儿童的成长,忽视这两方面内容的研究。

因此,中国的"牛奶狂潮"就是融合主义的典范,通过结合现代和传统文化元素开发出了新的牛奶。牛奶在中国是一种现代产品,因为其中蕴含了外国的营养科学。近年来牛奶的盛行,在很大程度上是营养主义兴起的结果,营养科学知识成为中产阶级的标志(Scrini 2008,2013)。同时,牛奶在中国也是传统饮食,因为许多工业化的"外国"牛奶产品的新口味都是基于中国的饮食传统,特别是中国的"冷—热"原理开发而成的。因此,我通过民族志研究得出结论,现代性可以是多方面的(Eisenstadt 2000)——现代性并非一定是"外国"的或背离传统的,也可以是中国和亚洲传统价值观和身份延续的体现。我们见证了单一的现代性进程在不同地方的表现,以及"传统"文化与"现代"文化协商的过程,这些进程都涉及传统的连续性、变化（Hannerz 1996，44）以及呈现。

## 政府的角色

除了世界食物体系之外，我认为，最近掀起的"牛奶狂潮"也是政府支持乳业建设项目的结果，这也是中国现代化建设和努力成为大国计划的一部分。哈勒尔和戴维斯指出，在中国，"政府的权力和政策是社会转型的创造者，而不是社会转型的产物"（1993，5）。因此，如果不考虑政府所扮演的角色，就很难理解改革开放后中国的发展。在促进牛奶消费方面，美国印第安纳大学生物人类学教授安德烈亚·威利（Andrea Wiley）探讨了中国政府发挥的作用，并指出了两个关键因素。第一个因素是，政企共助的"学生饮用奶计划"。其次是，中国政府强调企业和国力共同成长，从规模上"赶上"欧美国家，从而推动了国内乳业的发展（Wiley 2007）。本书中，我根据民族志研究数据，系统地分析了政府发挥的作用对中国现代牛奶文化的影响，包括对液态奶和本地水牛奶、配方奶粉的消费影响。我认为，政府的影响主要体现在5个相互关联的方面：土地改革和乳业现代化、财政激励计划、饮食指南、广告法规和社会政策。

首先，中国政府推行现代化，实行新的土地政策、农业试验、生产集体化并传播进步思想，致使顺德本地水牛奶、牛乳生产和消费规模缩小。1949年至1978年，在中国共产党的领导下，为了促进农业生产，中国推行了大规模的社会改革。如大规模的土地改革计划，消灭了地主阶级并把土地分给耕作者，以及随后实行的家庭联产承包责任制。1978年，中国领导人开启了一系列影响深远的农村经济改革。村镇进行了重组，顺德大良实行了新的土地政策，禁止养殖水牛，20世纪80年代期间所有的水牛养殖场都被迁到了郊区。[3] 更重要的是，在一系列官方电视节目的宣传中，牛乳、牛乳手艺人和农民都是以"落后"和淳朴的形象得以展现，改变了人们对传统牛乳健康价值的理解，因而对传统牛乳的需求量逐渐减少，尤其是年轻一代，需求量锐减。

其次，中国政府推出了一系列金融政策，旨在促进乳业的现代化发展，扩大规模。在省级层面，政

结　论　世界食物体系、政府角色和个体医学化

府实行了分税制，以激励地方政府刺激经济增长。在国际层面，中国政府启动了一系列优惠政策，吸引外资，投资发展乳业。农业（包括乳业）中的外资企业，可以享受缴纳企业所得税和各种增值税的减免优惠措施（Ling and Zhou 2014）。因此，世界领先乳品公司，如丹麦的阿尔乐、法国的达能等国际公司与蒙牛、娃哈哈等中国乳品公司成立了合资企业。经历了这一系列改革后，很多行业内的国企成了一些领先乳品公司的最大利益相关者。[4] 有了来自全球投资者的巨额投资，企业（如跨国制药和包装公司）和中国政府、乳品公司（如蒙牛和伊利）就有资本积极进行广告宣传，降低产品价格，增加乳品（液态奶到冰激凌）分销点。因此，这些公司也有能力在中国各地创造出前所未有的需求。

　　第三，内地和香港的饮食指南中都提出让市民每天喝2—3杯牛奶，这成为中国东南部牛奶消费激增的直接原因。内地和香港相关部门一直支持医学知识创造过程中的医药关系，并将牛奶作为日常饮料进行制度化和规范化。传统观点认为，我们应该根据个人的健康状况选择适合自己的食物，然而现在与之相反，

中国人无论需要与否，都需要适应牛奶。那些无法消化牛奶的人被诊断为患有"牛奶过敏"症。医生受到制药公司的赞助，建议患有这种疾病的人每天喝三分之一杯牛奶，然后逐渐增加分量，让身体慢慢适应，以此方式"治愈"过敏症。富康医疗（VNS）营养与健康中心的首席营养师詹兆洲称"断奶"是"消极的决定"（Friesland Campina 2017）。因此，中国人的乳糖酶不耐受情况被医学化并成为"不正常"现象，在现代医药关系的作用下，鼓励人们培养乳糖酶耐受性，逐步形成习惯。

第四，内地和香港对母乳代用品营销广告相对宽松的政策，也刺激了牛奶的消费。第五章谈到，制药公司与政府之间的博弈导致《香港守则》推迟实施，直到2016年才正式通过（Government of Hong Kong SAR 2017b）。[5] 此外，与其他发展中国家相比，中国的相关政策更加宽松，只对6个月以下儿童食用的奶粉和婴儿食品有要求，而印度对2岁以下的儿童的食品都有法规约束（World Health Organization 2013）。[6] 如果没有宽松的政策环境，没有乳品公司那些夸大其词（就算不是完全的欺骗）的广告和营销信息（直接

结　论　世界食物体系、政府角色和个体医学化

或间接地将其产品与儿童未来的学业和创造力联系起来），也就不会构建出以牛奶为营养主食的文化。此外，中国也支持企业赞助医学研究和学术活动。在内地，尽管广告法规比香港更加严格（Gao 2005），但是无论在过去还是现在，制药公司代表都会给予医务工作者经济支持，医务工作者也会帮其宣传产品（Waldmeir 2013）。配方奶粉的营销信息披上了传播医学知识的幌子，由医学专家、心理学家和教育专家通过儿科诊所、育儿网站、教育研讨会以及制药公司赞助的学校和幼儿园推广开来。这些信息促使"称职的母亲"和"理想的孩子"形象标准化，而让那些无法实现这些目标的父母心生恐惧。

第五，国家对家庭的愿景以及实施的政策，如计划生育政策和教育政策，对牛奶的消费产生了意想不到的影响。国家采取提高"人口质量"的战略（Jing 2000），"独生子女"的健康进而成为政府关注的重点。为了进入顶尖学校和大学，学生之间存在激烈竞争，于是商家把配方奶粉打造为一种能够增强儿童认知发展的功能性食品推向市场。但是更多的时候，强大的营销信息产生了意想不到的后果，社会上形成了

一种对儿童身心能力的新想象,加强了母亲作为孩子学业教练的作用——母亲负责提升孩子的学业成绩。事实证明,这种关于母子身份的新观念对母性道德体验的转变起到了至关重要的作用。在中国现代独特的社会背景下,配方奶粉的营销活动所产生的重要后果是,母婴行为医学化,主要表现为"母乳不足综合征"和"挑食症"的日益流行。

## 消费者的欲望、行为医学化与社会公正

我们应该如何看待新牛奶体系和政策带来的巨大饮食变化,以及牛奶消费者的道德体验?如引言中所述,中国牛奶消费者对世界牛奶发展前景产生了影响。现在,人们越来越担心中国牛奶消费量的激增所产生的影响及其对环境的巨大影响,如气候变化。此外,在我看来,还有一个令人担忧的全球趋势,那就是在中国、印度尼西亚、泰国和越南等国家,配方奶粉的商业化程度越来越高,促使婴幼儿喂养方式产生了前所未有的变化(Baker et al. 2016)。

通过批判医学人类学研究方法,我在本书中从牛

结 论 世界食物体系、政府角色和个体医学化

奶生产的政治经济学的宏观层面,牛奶的流行与传统信仰的社会层面,以及疾病体验、行为和意义的微观层面,分析了健康、疾病、牛奶消费和饮食变化等问题。虽然通过历史和民族志研究,我对食品消费文化和饮食变化等研究课题提供了有用信息,但也提出了一些关于全球化、食品主权、健康和福祉等重要的人类学问题。基于批判医学人类学家辛格、克斯汀·海斯翠普(Kristen Hastrup)和彼得·埃拉斯(Peter Elass)等人的呼吁,我希望通过牛奶消费的视角揭露社会不平等和健康状况不佳的根源,而不是故弄玄虚。辛格认为,批判医学人类学是建立在"任何人类学家都需要参与"的意识基础之上的(Hastrup et al. 1990,302)。

为了解决印尼粮食工业化带来的健康和营养问题,木村平田(Hirata Kimura)倡导粮食主权运动,认为世界粮食问题的核心不是缺乏粮食,而是"(本地社会)缺乏解决本地问题的方法"(Windfuhr and Jonsen 2005,15;Patel 2007)。[7]美国学者拉杰·帕特尔(Raj Patel)认为,这是"通过呼吁人们自己定义生活中食物的权力,对粮食政治进行大规模地再政治

化"（2007，91）。这场非传统的食品主权运动能否创造一个新想象的空间，使中国消费者免于落入大型乳品公司和制药公司的陷阱？讽刺的是，营养科学在一定程度上为父母们提供了一种获得食物主权的共同语言。

与传统医学人类学着重描写"真实的人做真实的事"不同（Ortner 1984，144），本书重点讨论的"牛奶狂潮"，是对中国现代化进程中母婴行为医学化的批判。在市场领先的乳品公司和制药公司主导的新牛奶体系之下，若是这些公司的产品无法满足客户的现代需求，就不一定会促使中国人对牛奶的需求扩大。本书记录并分析了这些跨国公司利用科学知识培养消费者行为的过程。通过利用营养学、心理学和认知发展领域的科学知识，跨国公司在婴儿喂养方法、身体和大脑管理策略以及对理想儿童的新理解方面创造了新的规则和衡量标准。与此同时，这些营销活动改变了疾病、医学和社会发展等思想观念的含义。

与其他功能性食品一样，中产阶级母亲将配方奶粉视为增强自己力量的灵丹妙药。她们在劳动力市场上被边缘化，不断受到社会的审视，在这个快速变化的社会中，只得靠培养聪明、智慧、有竞争力的孩子提升自己的社会地位。她们承受着巨大的压力，就业市场对女性不友好，需要承受强大的社会压力（如产后恢复孕前身材）。母亲们一方面要在职业生涯中辛苦维持自尊，另一方面为了确保孩子能被名校录取，不得不完成许多烦琐的入学准备工作及面试，导致许多母亲认为自己患有"母乳不足综合征"，从而求助于配方奶粉。这些基于对中国东南部民族志研究的发现，佐证了苏珊·张·高斯常（Susanne Zhang Gottschang）在北京的研究，她认为中国消费者对配方奶粉的需求，主要与以消费者为导向的社会环境中人们的社会关系有关（2007）。最初进行研究时，我的初衷是想记录母亲们在应对因为性别而产生的压力以及身份建构过程中，对两种疾病的理解——母亲们经历的"母乳不足综合征"和在快速变化的社会背景下折磨幼儿的"挑食症"。不幸的是，尽管这些疾病在全世界都受到了关注，但在中国当前的学术研究中却被忽视了。

## "母乳不足综合征"——精疲力竭的母亲

"母乳不足综合征"是一种跨文化现象,也是母亲提前结束母乳喂养的首要原因,不仅香港存在这种现象,世界其他地区也是如此(Gussler and Briesemeister 1980)。大多数学者都是从生物文化和社会的角度分析产生这种综合征的原因。例如,古斯勒(Gussler)和布里泽迈斯特(Briesemeister)指出,现代母亲会因婴儿频繁哭泣而误以为自己乳汁不足。蔡特林(Zeitlyn)和罗夫尚(Rowshan)研究了孟加拉的母亲,从社会角度阐释了母乳不足综合征的原因,例如根据对抗疗法和科学而采用的配方奶喂养策略,在快速城市化的背景下,为女性提供了一种规避生理和性生活焦虑的方法(1997)。分析"母乳不足综合征"产生的原因可能是提高母乳喂养率的关键,但是不同社会阶层和不同社会中的母亲对这种疾病的体验有什么不同,相关研究仍然不足。

与前人们对婴儿喂养方式的研究不同,我更加关注社会各阶层在自我感知的母乳喂养能力方面的结构性不平等。香港的中产阶级母亲中采用母乳喂养方式的人数最少,这一独特现象表明,这些女性面临着一些结构性问题和社会不平等。在香港,许多受过高等教育的中产阶级母亲虽然薪水很高,但是存在工作时间长、工作时间不灵活的问题。这些受访母亲告诉我,她们不仅要养家糊口,照顾年幼的孩子,还要负责孩子的学习。大多数受访者认为,从道义上讲,作为母亲,她有义务通过自我牺牲(延长工作时间和放弃个人时间),为孩子的教育提供充足的文化、社会和经济资源。

在中国传统社会中,对母亲的道义要求和期望很高,不仅要承担养育孩子的责任,还要承担培养孩子学习习惯、提高孩子学习成绩的社会义务。"孟母三迁"的故事就是一个典型的例子。儒家代表人物孟子的母亲,为了给儿子找到最合适的学习环境,搬了3次家。因此,中国现代育儿状况可以理解为,密集母职在中国社会的扭曲版,导致中国母亲面临巨大的社会压力,因而更倾向于采用配方奶喂养,以便专注于满足孩子所需的社会和教育资源,而不仅仅是单纯地哺育孩子,与孩子在身体上建立联系(Romagnoli and Wall 2012)。从秀慧的例子中就可以看出这一点,她放弃了母乳喂养，专注于培养孩子，为孩子进入精英英文学校（这是当今香港评判优秀成功母亲的标准）做准备。

再加上因为性别带来的压力，中国的母亲要承受三重负担。我认为，如今中国母亲因为其独特的"密集母职"，所以对母乳喂养更加焦虑。此外，由于始终把孩子的学习成绩放在首位，忽视了与孩子的身体联系，因此与欧美社会的"密集母职"明显不同（Hays 1996）。但这并不意味着中国母亲会因此被动地形成错误意识，被营销人员愚弄，会真的相信配方奶粉能够直接提升孩子的学习成绩。相反，我所采访过的中国父母在选择配方奶粉之前都会仔细评估，只是将其作为一种应对日常挑战的技术手段。在香港，许多受过教育的职场妈妈都不得不承担起三重责任，既要在单位上班、又要生养孩子，还要负责孩子的学业。她们所承担的"生物兼道义"的责任之间又充斥着文化冲突，也就是说，她们的生物责任是对孩子进行母乳喂养，但同时又要完成她们的社会责任，成为成功的职业女性（Murphy 2000）。因此，"母乳不足综合征"俨然成了一个文化习语，表达了个人和群体的不满。同时，也让被折磨得精疲力竭的母亲能够将配方奶粉作为一种社会可接受的方式，解决部分她们所面临的文化冲突。

在香港，越来越多的新手妈妈把母乳喂养视为一种道德义务；而在顺德，由于受到流行医学知识、政府制定的膳食指南和医疗机构宣传的影响，配方奶粉和牛奶反而成了6个月以上婴儿的主食。因此，我所采访的顺德母亲们无须为选择配方奶喂养寻找理由，这也不足为奇。相反，我采访过的许多工薪阶层父母，基本买不起昂贵的进口配方奶粉，因此需要通过重新定义配方奶粉的含义以及喂养行为，以完成（仍困难重重）施加在他们身上的社会规范和期望。

## "挑食综合征"——压力过大的孩子

文化构建的"挑食症"是我在第五章讨论的第二种疾病，儿童行为的医学化给父母和孩子带来了不必要的压力，从而进一步加剧了社会不公。本书一再强调，乳品公司和制药公司通过对儿童饮食行为的标准化、重新分类和医学化，目的就是向家长销售挑食专用配方奶粉。在过去的40年里，人们心目中对孩子的理想形象发生了巨大改变，以前胖乎乎、高大、健康的孩子最理想，而现在，强壮、聪明、有创造力才是理想的孩子；而理想母亲的形象也从温柔有爱的养育人变成了能帮助孩子发挥最大潜力的生活管理人（Lo 2009）。乳品公司和制药公司通过战略性营销策略，在父母心中制造了不安，让他们担心孩子的挑食行为可能会导致大脑发育问题，降低孩子未来的学业成绩。父母越来越关注大脑和神经科学与儿童发展之间的联系，这种现象并非香港独有，而是一种全球化趋势（Macvarish，Lee and Lowe 2014，792）。

乳品公司和制药公司利用"基于大脑"的育儿理念、教育和政策的全球趋势，以及最新的神经科学研究，试图将孩子的挑食行为医学化，将其塑造为一种"疾病"，从而推出一系列配方奶粉作为解决方案。医学人类学家南希·舍佩尔–休斯（Nancy Scheper-Hughes）和玛格丽特·洛克认为，发达社会中的社会生活和公共生活结构发生了根本性变化，用于表达个人和集体不满的传统文化习语消失，而医学和精神病学在塑造和应对人类压力方面充当了霸主角色。疾病躯体化成为表达个人和社会不满的主要话语模式（Scheper-Hughes and Lock 1987）。通过分析香港人消费挑食专用配方奶粉的案例，我期望能够将儿童中的"进食障碍"这一精神疾病去医学化和去神秘化。我认为，大多数儿童回避不熟悉食物时的谨慎行为实际上是一种适应性行为，却被医药关系的霸主力量过度解读，重新被归类为精神疾病。医学和精神病学中精神疾病类别和标签数量的激增，致使"正常"的定义越来越受限，"塑造"出了许多病人和"不正常的"人，从而为配方奶粉公司开辟了巨大市场。

然而，并不是没有人批评过针对儿童行为的医学化趋势，以及大脑至上的思想认识。首先，神经系统的干预和增强主要基于一种生物学还原论，即所有的行为、相互作用和生理功能都与神经元结构有关，从而掩盖了背后的结构和社会原因。因此，本书纠正了将普遍生物学还原论作为解决挑食儿童"进食障碍"的做法。我对香港挑食儿童照料者进行的民族志研究表明，尽管挑食专用配方奶粉是为了解决个人生理问题，通过提供饮食所必需的营养，弥补因饮食"紊乱"而造成的潜在营养不足，但这种问题产生的根本原因以及人们的担忧是结构性的。自21世纪初以来，"挑食症"激增和挑食专用配方奶粉流行的同时，恰逢儿童自杀率上升，越来越多的孩子因为难以承受课业和父母的严格要求，而选择结束自己的生命（N. Ng 2017；Y. Ng 2017；Tam 2018）。由于繁重的课业和孩子们所面临的学业竞争导致孩子的食欲下降，却被医生和精神病学家利用、转化并塑造为一系列新疾病的症状，即"进食障碍"的症状。我采访的许多家长都表示，他们之所以会担忧孩子的挑食行为，是因为担心孩子在不断变化的教育和政策中处理繁重课业的能力受到影响。用狭隘的神经科学解读挑食行为，该行为的社会性被忽视，被塑造出了一种需要借助于外界帮助但是孤立的主体性（Rose 2001）——为了让孩子更聪明、更健康、更有创造力、更外向、学习更好，甚至体育项目更出色，父母就应该为挑食的孩子补充营养强化配方奶粉，这种做法进一步强化了把学习成绩视为孩子唯一的宝贵品质。

与儿童挑食行为医学化密切相关的第二个问题是，人们把注意力和责任从教育和政策的结构性问题转移到了儿童的身体上。各乳品公司将配方奶粉作为一种增强脑力的技术广泛推广，父母受专家影响将配方奶粉作为培养孩子大脑发育的工具，忽视了科学的方法和依据；过于以孩子的早期表现为定论，把儿童面临的困难全部归咎于父母的个人失误，而不是社会或结构存在的问题。因此，挑食行为作为一种精神疾病在中国社会的流行，增加了父母的焦虑，强化了"密集母职"的要求，用生物学和工具性术语对亲子关系进行了重新定义。通过提高人们对"母乳不足综合征"和"挑食症"文化建构过程的认识，我希望挖掘引起女性和儿童"健康不良"的结构性根源，进而增强这些备受煎熬的人的自主权。

本书详细阐释了中国人在饮食方面从"恐乳症"到"嗜乳症"的巨大变化，这是中国传统牛奶文化、健康信念、战后世界牛奶体系、内地经济和人口结构，以及商品生产和消费主义对中国香港和中国内地社会产生强大影响等因素综合作用的结果。中国政府在人们饮食发生变化的过程中发挥了关键作用，尽管内地和香港的方式不同，目的不同，但作用相同。顺德和香港饮食的转型及产业化实为一个矛盾的过程，具有三个特点：（1）由政府影响和医药关系形成的中国乳业是医学和营养科学的最终创造者,指导人们认识和探索自己的身体状况;(2)通过创造性融合,营养科学和牛奶广受欢迎;(3)市场营销过程中,为了创造新需求,将女性和儿童的行为医学化的做法,掩盖了结构、环境和社会层面的压力、限制和不平等,同时将健康问题重新定义为个人,尤其是女性的责任。

鉴于国家对乳业的支持以及婴儿喂养和育儿方面的科学观,只要生活在城市的职业母亲继续面临上述"三重负担"并承担巨大的日常压力,中国社会的牛奶消费,无论是液态奶还是配方奶粉,都有可能继续增长。因此,饮食方式的转变对香港和顺德的居民来说,算是喜忧参半。如果把中国的牛奶狂潮视为全球工业化趋势的一个案例,是现代化和经济增长促成的生活方式西化,是目前世界上许多地区存在的食品安全危机的结果,那么我们可以清楚地看到,在中国以及世界各地,食品消费方面还存在许多关键的问题,有待深入探索。

# 注　释

## 引言　文化政策视域下的中国牛奶消费现状

1. 文中使用的"配方奶粉"一词，根据顺德和香港的日常用语，是指婴儿配方奶粉和后续配方奶粉，不包括特殊医疗用途的配方奶粉。由于大多数配方奶粉都是粉末状，在中国，"奶粉"和配方奶所指词义相同，因此文中的"奶粉"一词也指配方奶粉。
2. 尽管中国的年人均牛奶消费量约为36千克，不到世界平均水平的三分之一，也不到发达国家的十分之一，但是食用牛奶的人数一直在持续增加（Inouye 2018）。
3. 港式"丝袜奶茶"是香港人最常食用的饮料之一。最初，奶茶主要在大排档销售，价格实惠，据认为是模仿英式奶茶制作而成。过去，只有高级酒店才供应英式奶茶。但与英式奶茶相比，丝袜奶茶有两个主要不同点。首先，英式奶茶中只有一种红茶（如大吉岭红茶或阿萨姆红茶），用茶包冲泡而成；而丝袜奶茶是由几种不同茶叶（如锡兰红茶和普洱茶）混合煮沸而成，有的是整叶，有的是碎叶粉，味道浓郁独特。奶茶制作过程中，将长长的、装有茶叶的白色棉质过滤袋放入水中，在来回冲倒的过程中，茶水变成深棕色，如丝袜一般，因此得名"丝袜奶茶"。其次，英式奶茶通常与新鲜牛奶搭配饮用，而港式奶茶中添加的是炼乳或甜炼乳。
4. 甄诗翰及其团队将中国传统饮食方式总结为：以大米为主，配以红肉、猪肉、家禽、（多叶）蔬菜和鱼类。而现代的饮食方式变为以小麦馒头、蛋糕、豆类食品为主，配以坚果、腌菜和咸菜、水果、红肉、加工肉制品、家禽、鸡蛋、鱼类、牛奶和快餐（Zhen et al. 2018）。
5. 安德烈亚·威利（Andrea Wiley）所著的《重新想象牛奶》（*Re-imagining Milk*）就是一个例子，书中讲述了牛奶在中国和印度的发展过程，以及牛奶对儿童成长方面的益处（2011，93—95）。威利通过分析牛奶公司聘请中国著名运动员、宇航员推广牛奶，甚至政府官员参与牛奶推广的过程，认为作为一种"外国"食品出现的牛奶，却是一种追赶发达国家、克服中国人普遍存在的"体质问题"的方式。经济学家普拉布·宾格利（Prabhu Pingali）也研究了亚洲饮食西化对食物体系的影响（2007）。
6. 婴儿喂养是指对一岁以下婴儿进行的喂养。
7. 除了密集母职的观念以外，城市化和核心家庭内权力关系发生的变化，也会影响人们对母亲母乳喂养能力的看法以及配方奶喂养的道德认知（Zeitlyn and Rowshan 1997）。

## 第一章 中国古代牛奶、身体概念和社会阶层

1. 《楚辞》是一本中国诗歌选集，主要收集了战国时期由屈原和宋玉等人创作的诗歌，不过其中约有一半的诗歌是几个世纪后的汉代诗人创作的（Hawkes 1985）。

注 释

2. 唐代著名诗人杜甫在一首诗中赞美了乳酒（Huang 2002）。
3. 《黄帝内经》是中国最早的医学典籍，奠定了中医2000多年来的理论基础。
4. 《本草纲目》被联合国教科文组织列入《世界记忆遗产名录》，是中医史上最完整、最全面的医学典籍。由明代医学专家李时珍编撰，历时27年完成（UNESCO 2017）。《本草纲目》列出并描述、分析了所有具有药用价值的植物、动物、矿物和其他物质，代表了16世纪以前东亚地区药物学的发展成就。这不仅是一本药学典籍，还涵盖了大量生物学、化学、地理学、矿物学、地质学、历史学，甚至采矿学和天文学等方面的知识。
5. 在牛乳制作工艺方面，林阿姨是我的重要受访者，金榜村社区居委会副主任、工作人员以及金榜村本地居民（包括另一位牛乳手艺人梁小姐）都向我提到她，她是公认的资深牛乳手艺人。
6. 根据地方政府主编的出版物和饮食指南，牛乳的制作始于明代，已有600多年的历史（Feng and Ceng 2010）。但笔者未能找到此说法的依据。
7. 白馥兰（Bray 1984，2：601）指出，自汉代以来，中国南方就开始采用了类似的围田蓄水法。
8. 龙眼是一种热带果树，名称来自其粤语发音，意思是"龙的眼睛"。
9. 2010年，在我实地考察期间，从金榜村的一位牛乳手艺人那里了解了这首诗。大多数牛乳手艺人都知道这首诗。

10. 为了保护受访者的隐私，文中均使用了匿名。
11. 我采访并记录了金榜村的6名牛乳手艺人和她们的牛乳制作过程。她们说，10年前，她们会把从木制模具中挤出来的多余混合物熬煮后制作成黄油。

## 第二章　牛奶公司、英式奶茶和瓶装豆奶

1. 早在17世纪，香港已经是贸易船队和渔民的热门停泊地，因为香港的深水港和周围的群山形成了天然避风港，能够保护他们免受强风和大海的侵袭。
2. 维他奶采用利乐砖无菌包装后，能够在超市销售，保质期长，无须回收空瓶（Radio Television Hong Kong 2012）
3. 1912年至1929年间，三间华人投资的高级酒店南平大酒店、梅州大酒店和大观大酒店相继成立。
4. 马克·斯维斯沃茨基（Mark Swislocki）指出，19世纪最后20年里，上海"番菜馆"的数量激增。这类西式餐厅与外国餐厅的不同之处在于，"番菜馆"为中国人所有，客户群也是中国人（Swislocki 2009，110）。
5. 18世纪中叶，中国颁布律令，外国人的活动区域仅限于珠江岸边的十三行商馆内（Downes and Grant 1997）。曾经常驻广州的商人威廉·亨特（William Hunter）说"老广州的生活，最显著的特点就是'工厂'——这里既是所有人（无论老幼）的住所，又是商贸区"［Hunter（1882）1938］。
6. 根据对大排档商户的采访，大排档可分为4种类型：粥摊；面食摊；简餐摊以及咖啡摊。这些设在室外的食品摊过去就

注释

是一辆流动车,食品被摆放在车厢里。车厢前面摆着一条长凳,旁边是三个小凳子。如果顾客多,大排档商户就会打开两张折叠桌,摆上8把折叠椅。

7. "奶茶大师"是指那些经过正式培训,能够制作港式奶茶的人。

8. 黄家和先生在咖啡红茶行业中颇具影响力,是香港咖啡红茶协会主席,家族中已经有两代人从事这一行业。黄家和先生的父亲和亲戚在20世纪50年代创办了香港最早的几间茶餐厅,同时创办了香港现在最大的茶叶咖啡贸易公司。

9. 根据业内的经验法则,泡茶的时间不应超过一个小时。如果时间过长,茶叶冲泡过度,茶水变苦。为了确保茶水供应及时,商户通常用两个茶壶交替烧水,将开水倒入茶中,最后将泡好的热茶倒入装有罐装牛奶的杯子中(就是"撞"茶)。

## 第三章 全球资本、本地文化及食品安全

1. 虽然牛乳被官方评为"中华名小吃",但是我没有找到1949年以前关于大良牛乳和牛乳生产的书面记录。因此,本研究中所使用的关于牛乳业衰落的数据主要来自对牛乳手艺人的深入采访。

2. 象草(Pennisetum purpureum)原产于非洲草原,是亚热带最适合用作绿色饲料的植物。每亩产量可达8000到1.5万千克,是广东省重要的水牛饲料(Farrell, Simons and Hillocks 2002)。

3. 金榜村的水牛过去主要以碾碎的低等级大米为食。
4. 黄芩的根（scutellaria baicalenses）可增强免疫系统，在中医中的使用历史悠久（Ma et al. 2002）。黄芩中主要含有一种黄酮类化合物，名叫黄芩素，研究证明黄芩素有益于心血管健康（Sun et al. 2002）。更多关于橡树叶作为饲料的信息，参见Mackie（1903）。
5. 牛乳手艺人通常将杂交水牛称为叉牛，含有差的意思（这个词与"差牛"谐音，意思是"劣质奶牛"）。林阿姨甚至认为杂交水牛的牛奶会"污染"牛乳，其香味和营养丰富程度无法与金榜村水牛奶相比。
6. 成年水牛的价格从4000元到1.5万元不等，而小水牛的售价为400元。
7. 孙先红和张治国指出，"先建市场，再建工厂"是蒙牛最成功的策略之一。如，1999年蒙牛推出第一款产品"蒙牛纯牛奶"时，将大部分资金用于广告宣传，而牛奶却是由第三方（哈尔滨一家经营不善的牛奶厂）供应（Li et al. 2012；Sun and Zhang 2005，75）。
8. 根据波士顿咨询集团的一项研究，中国的年轻一代与老一辈人相比，更注重外表和健康（Cerini 2016；Ouyang 2018；Wu et al. 2014）
9. 人们普遍认为，枸杞具有"补"肝益肾（增强能量）、改善视力、润肺的功效。莲子具有补益脾脏、止泻和刺激食欲的作用。莲子性平，可益肾涩精，养心安神。阿胶，是用驴皮熬制而成的胶块，制作过程可分为几个步骤：清洗、浸泡、漂洗和熬煮。阿胶主要产于山东省、浙江省和江苏省。阿胶味甘，性平，益肺养肝利肾经。补血、滋阴、润肺效果尤佳。此外，阿胶还能抗衰老，具有止血、抗疲劳、抑制肿瘤生长、提高免疫力和改善妇科疾病等多种临床功效（Wu et al. 2007）。

10. 更多关于品牌形象信息，参见Herskovitz和Crystal（2010）。
11. 自2001年以来，中华人民共和国国家质量监督检验检疫总局（AQSIQ，2018年改组为国家市场监督管理总局）将"中国名牌"的称号授予了某些国内企业。但是从2008年开始不再接受任何企业关于"中国名牌"的申请，从2012年开始，"中国名牌"的标志逐步被淘汰。
12. 根据鲍德里亚的研究，象征价值是指一个主体相对于另一个主体赋予一个物体的价值（即给予者和接受者之间），而符号价值是物体体系中的价值（例如，一种品牌笔比另一种笔的名气更大）。

## 第四章　配方奶喂养——母爱、成功和社会身份的象征

1. www.baby-kingdom.com是最受家长喜爱的中文网站之一。该网站于2002年成立于香港，注册会员超过28万人，代表了9万多个家庭。网站上有400多个论坛，用户平均每天贡献3万条信息（Baby-kingdom.com 2018）。
2. 在香港，虽然一个月大婴儿的纯母乳喂养率从1997年的14%增加到2017年的33.8%，但是纯母乳喂养的6个月以上婴儿比率仍然很低。

3. 塔兰特及其团队在香港对1417对母婴进行了定量研究，结果表明，在婴儿早期选择断奶最常见的原因有"母乳不足"（34.5%），"重返工作"（31.4%）、"婴儿总是饿"（14.1%）、"母亲生病"（11.7%）、"疲劳、压力"（10.3%）和"不方便、太耗时"（8.9%）（Tarrant et al. 2010）。
4. 例如，不仅美赞臣婴儿配方奶粉中添加了DHA，产前配方奶粉"安婴妈妈A+"（Enfamama A+）中也添加了DHA，人们认为DHA有利于"婴儿大脑发育和身体成长"（Meadjohnson 2018）。
5. 合生元是中国国内优质品牌，其配方奶粉和牛奶的价格均较高。
6. 养乐多是一种益生菌乳饮料，在内地和香港均有推广，是一种健康的儿童日常饮料。
7. 文中我所使用的"现代"一词，指的是不在中国国内生产或制作的产品，是按照发达国家的健康规范通过标准化流程生产和销售的产品。
8. 安利是一家总部位于美国的家居用品公司。采用多层次营销策略分销产品，但有人认为这是一种传销模式。
9. 在此，借用了唐·韦宁克（Don Weenink，2008）的"国际化资本"一词。他通过对荷兰的父母进行调查研究发现，父母会将国际化视为一种文化和社会资本，而不是与世界的联系感或对异国风情的好奇。
10. "地缘政治"是指地理和政治之间的关系。地缘政治是利用地理学描述、比喻世界各地的情况，提供可靠指南，如"香港是购物天堂"（Dodds 2007）。

11. 有关风险社会和"劣质食品"的更多例子，参见Dean Curran（2013）。

12. 在20世纪六七十年代，究竟什么程度才是营养不足的问题，在中国存在争议。根据1984年对香港74名足月婴儿的研究，儿科医生梁淑芳及其团队发现，由于香港的母婴健康院（MCH）强调，必须定期给婴儿补充蛋白质（肉末或碎肉），还要添加配方奶粉，导致婴儿蛋白质摄入量高于身体所需。梁淑芳及其团队还指出了饮食指南中可能存在的问题："指南中对铁和钙的建议需求量比健康人所需的平均量高出两个标准值。因此，对90%以上的正常人群来说，推荐量都高于应摄入量。如维生素D，推荐量能满足大多数人的需求，包括那些从来不晒太阳的人。"（Leung and Lui 1990）

13. 婴儿经常出现维生素K缺乏性出血症（VKDB）。有关发达国家医疗系统相关信息，参见Sutor et al（1999）。

14. 根据传统中医，"胃"属阳，主受纳腐熟水谷。因此，有"水谷之海"之称。胃的作用是消化饮食物，形成"纯营养"后进入脾。"脾"属阴，是主要的消化器官。脾运化食物和液体中的纯营养精华，并将其转化为元气（"精神"或"气"）和"血液"（Kaptchuk 2000）。

15. 美国液态乳加工业者推广协会（National Fluid Milk Processor Promotion Board）和美国全国乳品业理事会，《纽约时报》（*New York Times*）广告，1999年8月3日。另参见Nestlé（2002，81）。

## 结 论

1. 罗伯森提出的"全球在地化"一词，是指普遍化和特殊化因素的同时性和共现性（Featherstone, Lash and Robertson 1995）
2. 我将"经济医学化"定义为一种医学化，是指以商业盈利为转变动机，对于企业而言，其目标是实现股东财富最大化（Poitras 2012）。
3. 2013年，大良出台了一项禁止水牛养殖的规定。人们被迫将水牛迁移到其他地方，如顺德的龙江，甚至广州番禺。详见第三章。
4. 例如中粮集团有限公司就是蒙牛最大的股东。
5. 回顾第五章讨论的案例，八大畅销配方奶粉制造商于2011年5月成立香港婴幼儿营养协会，反对相关部门执行《香港守则》。
6. 此外，世界卫生组织报告称，印度有一套非常有效的代码运行和监测机制（WHO 2013）。
7. 温德富（Windfuhr）和约恩森（Jonsen）认为，全球饥饿和营养不良是当今世界最严重的粮食问题（2005）。

# 参考文献

Abkowitz, Alyssa. 2015. "Why So Gloomy? In Sun-Deprived China, Only 5% Have Healthy Levels of Vitamin D." *Wall Street Journal*, April 23. https://blogs.wsj.com/chinarealtime/2015/04/23/why-so-gloomy-in-sun-deprived-china-only-5-have-healthy-levels-of-vitamin-d/.

Addessi E., A. T. Galloway, E. Visalberghi, and L. L. Birch. 2005. "Specific Social Influences on the Acceptance of Novel Foods in 2-5-year-old children." *Appetite* 45 (3): 264–271.

Afflerback, Sara, Shannon K. Carter, Amanda Koontz Anthony, and Liz Grauerholz. 2013. "Infant-feeding Consumerism in the Age of Intensive Mothering and Risk Society." *Journal of Consumer Culture* 13 (3): 387–405.

Agency France-Presse. 2018. "Australian Supermarkets Limit Baby Milk Formula Sales as China Demand Hits Stocks." *South China Morning Post*, May 16. https://www.scmp.com/news/asia/australasia/article/2146351/australian-supermarkets-limit-baby-milk-formula-sales-china.

Agren, Hans. 1975. "Patterns of Tradition and Modernization in Contemporary Chinese Medicine." In *Medicine in Chinese Cultures: Comparative Studies of Health Care in Chinese and*

*Other Societies,* edited by Arthur Kleinman, 37–51. Washington, DC: Department of Health, Education, and Welfare, Public Health Service, National Institutes of Health.

Alicea, Marixsa. 1997. "'A Chambered Nautilus': The Contradictory Nature of Puerto Rican Women's Role in the Social Construction of a Transnational Community." *Gender and Society* 11 (5): 597–626.

American Psychiatric Association. 2013. *Diagnostic and Statistical Manual of Mental Disorders*. 5th ed. Washington, DC: American Psychiatric Association.

Anderson, Eugene. 2000. "Chinese Nutritional Therapy." In *Nutritional Anthropology: Biocultural Perspectives on Food and Nutrition,* edited by Darna L. Dufour, Alan H. Goodman, and Gretel H. Pelto, 198–211. Mountain View, CA: Mayfield.

——. 2005. *Everyone Eats: Understanding Food and Culture*. New York: New York University Press.

Andres, Elizabeth M., Katherine L. Clancy, and Marcella G. Katz. 1980. "Infant Feeding Practices of Families Belonging to a Prepaid Group Practice Health Care Plan." Pediatrics 65:978.

Angell, Marcia. 2008. "Industry-Sponsored Clinical Research—A Broken System." *Journal of the American Medical Association* 300 (9): 1069–1071.

Appadurai, Arjun. 1996. *Modernity at Large: Cultural Dimensions of Globalization*. Minneapolis: University of Minnesota Press.

*Apple Daily.* 2004. "Cha Chaan Teng as the Best Design of Hong Kong." September 28. http://hk.apple.nextmedia.com/news/art/20040928/4336805.

———. 2009. "BB 30 ri duan ren nai, chenhuilin manyue su fungong." July 12, C02.

———. 2015. "Chenyinmei dan yang yi. Chenhao ji zhuan naifen qian." February 28. https://hk.entertainment.appledaily.com/entertainment/daily/article/20150228/19057612.

———. 2016. "Pai neidi zhenren sao bo lao ming, Xie tian-hua yin niao quan bei qing." January 15, C01.

Avishai, Orit. 2007. "Managing the Lactating Body: The Breastfeeding Project and Privileged Motherhood." *Qualitative Sociology* 30:135–152.

Baby-kingdom.com. 2011. "Discussion Forum." Accessed December 20, 2012. https://www.baby-kingdom.com/group.php?sgid=3986.

———. 2018. "Corporate Information." Accessed July 10, 2018. https://corp.baby-kingdom.com/community.html.

Baer, Hans. 1982. "On the Political Economy of Health." *Medical Anthropology Newsletter* 14 (1): 1–17.

Bai, Zhaohai, Michael R. F. Lee, Lin Ma, Stewart Ledgard, Oene Oenema, Gerard L. Velthof, Wenqi Ma, Mengchu Guo, Zhanqing Zhao, Sha Wei, Shengli Li, Xia Liu, Petr Havlík, Jiafa Luo, Chunsheng Hu, and Fusuo Zhang. 2018. "Global Environmental Costs of China's Thirst for Milk." *Global Change Biology* 24 (5):

2198–2211.

Bajic-Hajdukovic, Ivana. 2013. "Food, Family, and Memory: Belgrade Mothers and Their Migrant Children." *Food and Foodways* 21 (1): 46–65.

Baker, Phillip, Julie Smith, Libby Salmon, Sharon Friel, George Kent, Alessandro Iellamo,

J. P. Dadhich, and Mary J. Renfrew. 2016. "Global Trends and Patterns of Commercial Milk-Based Formula Sales: Is an Unprecedented Infant and Young Child Feeding Transition Underway?" *Public Health Nutrition* 1–11. doi:10.1017/S1368980016001117.

Bakhtin, Mikhail M. 1981. *The Dialogic Imagination: Four Essays*, edited by Michael Holquist. Austin: University of Texas Press.

Barboza, David. 2008. "China's Dairy Farmers Say They Are Victims." *New York Times*, October 3. https://www.nytimes.com/2008/10/04/world/asia/04milk.html.

Barnett, H. G. 1953. *Innovation: The Basis of Cultural Change*. New York: McGraw-Hill Co.

Baudrillard, Jean. (1970) 1998. *The Consumer Society: Myths and Structures*. Thousand Oaks, CA: SAGE Publications Ltd.

BBC News. 2004. "China 'Fake Milk' Scandal Deepens." April 22. http://news.bbc.co.uk/go/pr/fr/-/2/hi/asia-pacific/3648583.stm.
——. 2010. "China Dairy Products Found Tainted with Melamine." July 9. https://www.bbc.com/news/10565838.

Beck, Ulrich. 1992. *Risk Society: Towards a New Modernity*. London and Newbury Park, CA: SAGE Publications Ltd.

Becker, Annie E. 2004. "Television, Disordered Eating, and Young Women in Fiji: Negotiating Body Image and Identity during Rapid Social Change." *Culture, Medicine and Psychiatry* 28:533–559.

Beckman, Chanda, Jianping Zhang, Susan Zhang, and Shiliang Xu. 2011. "Peoples Republic of China—Dairy and Products Annual 2011." GAIN Report (CH11048). USDA Foreign Agriculture Service. October 17. http://www.agriexchange.apeda.gov.in/MarketReport/Reports/China_dairy_report.pdf.

Biehl, João. 2013. *Vita: Life in a Zone of Social Abandonment*. Berkeley: University of California Press.

Bielenstein, Hans. 1980. *The Bureaucracy of the Han Time*. Cambridge: Cambridge University Press.

Biltekoff, Charlotte. 2013. *Eating Right in America: The Cultural Politics of Food and Health*. Durham, NC: Duke University Press.

Biniaz, Vajihe. 2013. "World-wide Researches Review on the Therapeutic Effects of Ginger." *Jentashapir Journal of Health Research* 4 (4): 333–337.

Birch, L. L., L. Gunder, K. Grimm-Thomas, and D. G. Laing. 1998. "Infants' Consumption of a New Food Enhances Acceptance of Similar Foods." *Appetite* 30 (3): 283–295.

Bloomberg News. 2013. "Amway Embraces China Using Harvard *Guanxi*." Bloomberg Markets, September 25. https://www.bloomberg.com/news/articles/2013-09-24/amway-embraces-china-using-harvard-guanxi.

Bocock, Robert. 1993. *Consumption*. London and New York: Routledge.

Bourdieu, Pierre. 1984. *Distinction: A Social Critique of the Judgment of Taste*. Translated by Richard Nice. London: Routledge.

Braverman, Harry. 1974. *Labor and Monopoly Capital: The Degradation of Work in the Twentieth Century*. New York: Monthly Review Press.

Bray, Francesca. 1984. "Agriculture." In *Science and Civilisation in China*, edited by Joseph Needham. Part II of Volume 2. Cambridge: Cambridge University Press.

Bristow, Michael. 2008. "Bitter Taste over China Baby Milk." BBC, September 17. http://news.bbc.co.uk/2/hi/asia-pacific/7620812.stm.

Brown, Gillian R., Thomas E. Dickins, Rebecca Sear, and Kevin N. Laland. 2011. "Evolutionary Accounts of Human Behavioural Diversity." *Philosophical Transactions of the Royal Society B: Biological Sciences* 366:313–324.

Bruner, Jerome S. 1986. *Actual Minds, Possible Worlds*. Cambridge, MA: Harvard University Press.

Bryant-Waugh, Rachel, Laura Markham, Richard E. Kreipe, and B. Timothy Walsh. 2010. "Feeding and Eating Disorders in Childhood." *International Journal of Eating Disorder* 43 (2): 98–111.

Burger, J., M. Kirchner, B. Bramanti, W. Haak, and M. G. Thomas. 2007. "Absence of the Lactase-Persistence-Associated Allele in Early Neolithic Europeans." *Proceedings of National Academy of Sciences of the USA* 104 (10): 3736–3741.

Caballero, Benjamin, and Barry M. Popkin. 2002. *The Nutrition Transition: Diet and Disease in the Developing World*. Amsterdam: Academic Press.

Cai Baoqiong. 1990. *Housheng yu chuangye: Weitanai wushi nian* (1940–1990). Hong Kong: Xianggang doupin youxian gongsi.

Callen, Jennifer, and Janet Pinelli. 2004. "Incidence and Duration of Breastfeeding for Term Infants in Canada, United States, Europe, and Australia: A Literature Review." *Birth* 31 (4): 285–292.

Cameron, Nigel. 1986. *The Milky Way: The History of Dairy Farm*. Hong Kong: Dairy Farm Co. Ltd.

Carpenter, Kenneth J. 2003. "A Short History of Nutritional Science: Part 1 (1785–1885)." *The Journal of Nutrition* 133 (3): 638–645.

Cashdan, Elizabeth. 1998. "Adaptiveness of Food Learning and Food Aversions in Children." *Social Science Information* 37 (4): 613–632.

Cerini, Marianna. 2016. "How China Is Becoming the World's

Largest Market for Healthy Eating." Forbes, March 31. https://www.forbes.com/sites/mariannacerini/2016/03/31/how-china-is-becoming-the-worlds-largest-market-for-healthy-eating/#7cb270925439.

Chan, Bernice. 2018. "Breastfeeding in China and Hong Kong: Experts Tackle Igno-rance of Mothers and Doctors." *South China Morning Post*, February 26. https://www.scmp.com/lifestyle/health-beauty/article/2134709/breastfeeding-china-and-hong-kong-experts-tackle-ignorance.

Chan, Elaine. 2010. "Beyond Pedagogy: Language and Identity in Post-Colonial Hong Kong." *British Journal of Sociology Education* 23 (2): 271–285.

Chan, Gloria. 2015. "The Amahs Explores Hong Kong's 'Lion Rock Spirit.'" *South China Morning Post*, February 12. http://www.scmp.com/magazines/48hrs/article/1709383/amahs-explores-hong-kongs-lion-rock-spirit.

Chan, Jennifer. 2013. "Leo Burnett Launches First Work for Abbott Pediasure." Marketing, December 18. http://www.marketing-interactive.com/leo-burnett-launches-first-campaign-new-account-abbott/.

Chan, Kinman. 2009. "Harmonious Society." In *International Encyclopedia of Civil So-ciety*, edited by Helmut K. Anheier and Stefan Toepler, 821–825. New York: Springer.

Chan, S. M., E. A. S. Nelson, Sophie S. F. Leung, and C. Y. Li.

2000. "Breastfeeding Failure in a Longitudinal Post-Partum Maternal Nutrition Study in Hong Kong." *Journal of Paediatrics and Child Health* 36:466–471.

Chan, Samuel, and Ernest Kao. 2013. "Angry Parents Protest at Mainland Chinese Children Being Given Preschool Places." *South China Morning Post*, October 7. https://www.scmp.com/news/hong-kong/article/1325980/angry-parents-want-action-preschools.

Chan, Yuen. 2014. "The New Lion Rock Spirit—How a Banner on a Hillside Redefined the Hong Kong Dream." *The World Post*, December 29. https://www.huffingtonpost.com/yuen-chan/the-new-lion-rock-spirit-_b_6345212.html.

Chang, Kwangchih, ed. 1977. *Food in Chinese Culture: Anthropological and Historical Perspectives*. New Haven, CT: Yale University Press.

Chen, Feilong. 2015. "Jinbang Old Cheese Shop, Dignity without Future." *Southern Metropolis Daily*, November 13. https://kknews.cc/news/v9yy2yl.html.

Chen, Nancy N. 2009. *Food, Medicine, and the Quest for Good Health*. New York: Columbia University Press.

Chen, Philip N. L. 2010. *Great Cities of the World*. Hong Kong: Hong Kong University Press.

Chen, Z. Kevin, Dinghuan Hu, and Hu Song. 2008. "Linking Markets to Smallholder Dairy Farmers in China." FAORAP

Regional Workshop.

Cheng, Po Hung. 2003. *Early Hong Kong Eateries*. Hong Kong: Hong Kong University Museum and Art Gallery.

*China Business News*. 2008. "Bright Dairy Uses Chinese Herbal Yogurt to Win in the Market." February 18. http://business.sohu.com/20080218/n255203269.shtml.

*China Daily*. 2008. "Probe Finds Producer Knew of Toxic Milk for Months." September 22. http://www.chinadaily.com.cn/china/2008-09/22/content_7048712.htm.

——. 2011. "Ignorant Eaters?" June 16, H04.

Chinese Nutrition Society. 2011. "Zhongguo ju min shan shi zhi nan." Xizang renmin chubanshe.

Chiu, Joanna, and Amy Nip. 2013. "Hongkongers Appeal to US over Baby Formula Shortage." *South China Morning Post*, January 31. https://www.scmp.com/news/hong-kong/article/1139696/hongkongers-appeal-us-over-baby-formula-shortage.

Choi, Poking. 2005. "A Critical Evaluation of Education Reforms in Hong Kong: Counting Our Losses to Economic Globalization." *International Studies in Sociology of Education* 15 (3): 237–256.

Choi, Susanne Y. P., and Kwokfai Ting. 2009. "A Gender Perspective on Families in Hong Kong." In *Mainstreaming Gender in Hong Kong Society*, edited by Fanny M. Cheung and Eleanor Holroyd, 159–180. Hong Kong: Chinese University

Press.

Chongqing Municipal Dairy Industry Administration Office. 2000. "Development of Dairy Industry in Chongqing." In *50 Years of Chinese Dairy Industry*, edited by Wang Huaibao, 37–38. Beijing: Ocean Press.

Chow, Vivienne. 2013. "Ai Weiwei's New Work Inspired by Milk Powder Debate." *South China Morning Post*, May 10. https://www.scmp.com/news/hong-kong/article/1233976/ai-weiweis-new-sculpture-inspired-hong-kong-mainland-milk-powder.

Cooper, William C., and Nathan Sivin. 1973. "Man as a Medicine: Pharmacological and Ritual Aspects of Traditional Therapy Using Drugs Derived from the Human Body." In *Chinese Science*, edited by Shigeru Nakayama and Nathan Sivin, 203–272. Cambridge, MA: MIT Press.

Copley, M., R. Berstan, S. Dudd, S. Aillaud, A. Mukherjee, V. Straker, S. Payne, and R. P. Evershed. 2005. "Processing of Milk Products in Pottery Vessels through British Prehistory." *Antiquity* 79 (306): 895–908.

Coppes, Peter Paul, Saskia van Battum, and Mary Ledman. 2018. *Global Dairy* Top 20. Rabobank Report. https://www.rabobank.com/en/press/search/2018/20180726-global-dairy-top-20-a-shuffling-of-the-deck-chairs.html.

Cosminsky, Sheila. 1975. "Changing Food and Medical Beliefs and Practices in a Guatemalan Community." *Ecology of Food and*

*Nutrition* 4 (3): 183–191.

Cowdery, Rradi S., and Carmen Knudson-Martin. 2005. "The Construction of Motherhood:

Tasks, Relational Connection, and Gender Equality." *Family Relations* 54 (3): 335–345.

Craig, Oliver E., Val J. Steele, Anders Fischer, Sönke Hartz, Søren H. Andersen, Paul Donohoe, Aikaterini Glykou, Hayley Saul, D. Martin Jones, Eva Koch, and Carl P. Heron. 2011. "Ancient Lipids Reveal Continuity in Culinary Practices across the Transition to Agriculture in Northern Europe." *Proceedings of National Academy of Sciences of the USA* 108 (44) (November 1): 17910–17915. doi.org/10.1073/pnas.1107202108.

Crosby, Alfred W. 1988. "Ecological Imperialism: The Overseas Migration of Western Europeans as a Biological Phenomenon." In *The Ends of the Earth: Perspectives on Modern Environmental History*, edited by Donald Worster. Cambridge and New York: Cambridge University Press.

Curran, Dean. 2013. "Risk Society and the Distribution of Bads: Theorizing Class in the Risk Society." *The British Journal of Sociology* 64 (1): 44–62.

Cwiertka, Katarzyna J. 2000. "From Yokohama to Amsterdam: Meidi-Ya and Dietary Change in Modern Japan." *Japanstudien* 12:45–63.

Dalian City Dairy Products Project Office. 2000. "Advances of the

Dalian Dairy Industry." In *50 Years of Chinese Dairy Industry*, edited by Wang Huaibao. Beijing: Ocean Press.

Davidson, Alan. 1999. The *Oxford Companion to Food*. Oxford and Hong Kong: Oxford University Press.

Davis, Deborah, and Stevan Harrell. 1993. *Chinese Families in the Post-Mao Era*. Berkeley: University of California Press.

DBS Group Research. 2017. "China Dairy—Downstream Is Key." DBS *Asian Insight Sector Briefing 52*. DBS Group. November.

Delgado, Christopher. 2003. "Rising Consumption of Meat and Milk in Developing Countries Has Created a New Food Revolution." *Journal of Nutrition* 133 (11): 3907S–3910S.

Delgado, Christopher, Mark Rosegrant, Henning Steinfeld, Simeon Ehui, and Claude Courboi. 1999. "Livestock to 2020—The Next Food Revolution." *Food, Agriculture and the Environment*. Discussion Paper 28. International Food Policy Research Institute. https://idl-bnc-idrc.dspacedirect.org/bitstream/handle/10625/30755/121863.pdf?sequence=1.

Den Hartog, Adel P. 1986. *Diffusion of Milk as a New Food to Tropical Regions: The Example of Indonesia, 1880–1942*. Wageningen: Stichting Voeding Nederland.

DeWolf, Christopher, Izzy Ozawa, Tiffany Lam, Virginia Lau, and Zoe Li. 2017. "Hong Kong Food: 40 Dishes We Can't Live Without." CNN, July 12. https://edition.cnn.com/travel/article/

hong-kong-food-dishes/index.html.

Dodds, Klaus. 2007. *Geopolitics: A Very Short Introduction.* Oxford: Oxford University Press.

Douglas, Mary. 1966. *Purity and Danger: An Analysis of the Concepts of Pollution and Taboo.* London and New York: Routledge.

——. 1986. *How Institutions Think.* Syracuse: Syracuse University Press.

Downes, Jacques M., and Frederic D. Grant. 1997. *The Golden Ghetto: The American Commercial Community at Canton and the Shaping of American Policy.* Hong Kong: Hong Kong University Press.

Dreby, Joanna. 2006. "Honor and Virtue: Mexican Parenting in the Transnational Context." *Gender and Society* 20 (1): 32–59.

Dreyer, Edward L. 1995. *China at War*, 1901–1949. London: Longman.

Du, Shufa, Bing Lu, Fengying Zhai, and Barry M. Popkin. 2002. "A New Stage of the Nutrition Transition in China." *Public Health Nutrition* 5 (1A): 169–174.

DuPuis, Melanie. 2002. *Nature's Perfect Food: How Milk Became America's Drink*. New York: New York University Press.

Eagle, Jenny. 2017. "China Will Overtake the US as the Largest Dairy Market by 2022." DairyReporter.com, August 21. https://www.dairyreporter.com/Article/2017/08/21/China-will-overtakethe-US-as-the-largest-dairy-market-by-2022.

Economist, The. 2017. "Dairy Farming Is Polluting New Zealand's Water." November 16. https://www.economist.com/asia/2017/11/16/dairy-farming-is-polluting-new-zealands-water.

Eisenstadt, Shmuel Noah. 2000. "Multiple Modernities." *Daedalus* 129 (1): 1–29.

Elliott, Anthony, and Charles Lemert. 2009a. *The New Individualism: The Emotional Costs of Globalization.* 2d ed. Milton Park, Abingdon, Oxon; New York: Routledge.

——. 2009b. "The Global New Individualist Debate." In *Identity in Question*, edited by Anthony Elliott and Paul du Gay, 37–64. London: SAGE Publications Ltd.

Elvin, Mark. 1982. "The Technology of Farming in Late-Traditional China." In *The Chinese Agricultural Economy*, edited by Randolph Barker, Radha Sinha, and Beth Rose, 13–35. Boulder, CO: Westview Press; London: Croom Helm.

*Encyclopedia Britannica*. 2017. "Treaty Port." https://www.britannica.com/topic/treaty-port.

——. 2019. "Beriberi." https://www.britannica.com/science/beriberi.

——. 2020. "Water buffalo." https://www.britannica.com/animal/water-buffalo.

Engels, Friedrich. 1958. *The Condition of the Working Class in England.* Oxford: B. Blackwell.

Evershed, Richard P., et al. 2008. "Earliest Date for Milk Use in the Near East and Southeastern Europe Linked to Cattle Herding." *Nature* 455:528–531.

Eyer, Diane. 1992. *Mother–Infant Bonding: A Scientific Fiction*. New Haven, CT, and London: Yale University Press.

Fan, B. 2011. "Menu of Woe for Picky Eaters." *Singtao Daily*, December 30, F05.

FAO and WHO. 2011. "Milk and Milk Products." http://www.fao.org/docrep/015/i2085e/i2085e00.pdf.

Farrell, G., S. A. Simons, and R. J. Hillocks. 2002. "Pests, Diseases, and Weeds of Napier Grass, Pennisetum Purpureum: A Review." *International Journal of Pest Management* 48 (1): 39–48.

Featherstone, Mike. 1995. *Undoing Culture: Globalization, Postmodernism and Identity*. London: SAGE Publications Ltd.

Featherstone, Mike, Scott Lash, and Roland Robertson, eds. 1995. *Global Modernities*. London, and Thousand Oaks, CA: SAGE Publications Ltd.

Feng Ye and Xiaoying Ceng, eds. 2010. *Shunde renwen duben*. Shantou: Shantou University Press.

Field, Constance Elaine, and Flora M. Baber. 1973. *Growing up in Hong Kong: A Preliminary Report on a Study of the Growth, Development and Rearing of Chinese Children in Hong Kong*. Hong Kong: Hong Kong University Press.

Fields, Gregory P. 2001. *Religious Therapeutics: Body and Health in Yoga, Āyurveda, and Tantra.* Albany: State University of New York.

First, Michael B. 2014. *DSM-5 Handbook of Differential Diagnosis.* Washington, DC: American Psychiatric Publishing, a division of the American Psychiatric Association.

Foo, L. L., S. J. S. Quek, S. A. Ng, M. T. Lim, and M. Deurenberg-Yap. 2005. "Breastfeeding Prevalence and Practices among Singaporean Chinese, Malay and Indian Mothers." *Health Promotion International* 20 (3): 229–237.

Foucault, Michel. 1973. The *Birth of the Clinic: An Archaeology of Medical Perception.* Translated by Alan Sheridan. London: Tavistock.

——. 1977. "Panopticism." In *Discipline and Punish: The Birth of the Prison.* Translated by Alan Sheridan, 195–228. New York: Vintage Books.

Frank, Thomas. 2000. *One Market under God: Extreme Capitalism, Market Populism and the End of Economic Democracy.* New York: Doubleday.

Freeman, Michael. 1977. "Sung." In *Food in Chinese Culture: Anthropological and Historical Perspectives*, edited by Kwangchih Chang, 141–192. New Haven, CT: Yale University Press.

Friedmann, Harriet. 2005. "From Colonialism to Green Capitalism:

Social Movements and Emergence of Food Regimes." In *New Directions in the Sociology of Global Development* (Research in Rural Sociology and Development), edited by Frederick H. Buttel and Philip McMichael, vol. 11, 227–264. Bingley: Emerald Publishing Limited.

FrieslandCampina (Hong Kong) Limited. 2017. "World Milk Day 'Hong Kong Children Health Survey' Reveals 1 in 4 Local Children Quitted Drinking Milk as 6 Year-Old." Press Release. May 31. http://www.media-outreach.com/release.php/View/3461/World-Milk-Day-%E2%80%9CHong-Kong-Children-Health-Survey%E2%80%9D-reveals-1-in-4-local-children-quitted-drinking-milk-as-6-year-old.html.

Fuller, Frank. 2002. "Got Milk? The Rapid Rise of China's Dairy Sector and Its Future Prospects." *Food Policy* 31:201.

Fuller, Frank, John Beghin, and Scott Rozelle. 2007. "Consumption of Dairy Products in Urban China: Results from Beijing, Shanghai and Guangzhou." *The Australian Journal of Agricultural and Resource Economics* 5:459–474.

Fung, Ann. 2017. "Nursing Mothers in Hong Kong Shamed in Public." UCANEWS.com. Accessed March 21, 2017. https://www.ucanews.com/news/nursing-mothers-in-hong-kong-shamed-in-public/78636.

Furedi, Frank. 2002. *Culture of Fear*. Rev. ed. London: Continuum.

Gao, Zhihong. 2005. "Harmonious Regional Advertising Regulation?:

A Comparative Examination of Government Advertising Regulation in China, Hong Kong, and Taiwan." *Journal of Advertising* 34 (3): 75–87.

Garg, Pankaj, Jennifer A. Williams, and Vinita Satyavrat. 2015. "A Pilot Study to Assess the Utility and Perceived Effectiveness of a Tool for Diagnosing Feeding Difficulties in Children." *Asia Pacific Family Medicine* 7. doi:10.1186/s12930–015–0024–5.

Gender Research Centre, Hong Kong Institute of Asia-Pacific Studies, The Chinese University of Hong Kong. 2012. *Exploratory Study on Gender Stereotyping and Its Impacts on Male Gender*. Hong Kong: Equal Opportunities Commission.

Gong X. 1999. *Gu jin yi jian*. Beijing: Huaxia chubanshe.

Gottschang, Susanne Zhang. 2007. "Maternal Bodies, Breastfeeding, and Consumer Desire in Urban China." *Medical Anthropology Quarterly* 21 (1): 64–80.

Government of Hong Kong SAR. 2013a. *80th Anniversary Family Health Service Report*. Family Health Service, Department of Health. http://www.fhs.gov.hk/english/archive/files/reports/DH_booklet_18-7-2013.pdf.

———. 2013*b*. "Export Control on Powdered Formula in Hong Kong." Powdered Formula Licensing Circular No. 1/2013. February 22. https://www.tid.gov.hk/english/import_export/nontextiles/powdered_formula/pf012013.html.

———. 2016. "Healthy Eating for Infants and Young Children—Milk

Feeding." Family Health Service, Department of Health. https://www.fhs.gov.hk/english/health_info/child/12549.html.

——. 2017*a*. "Breastfeeding Survey." Family Health Service, Department of Health. https://www.fhs.gov.hk/english/reports/files/BF_survey_2017.pdf.

——. 2017*b*. "Hong Kong Code of Marketing of Formula Milk and Related Products, and Food Products for Infants & Young Children." Food and Health Bureau. https://www.hkcode.gov.hk/en/.

——. 2018. *The Smart City Blueprint for Hong Kong*. https://www.smartcity.gov.hk/doc/HongKongSmartCityBlueprint(EN).pdf.

Graham, Ben. 2017. "Frantic Shoppers Filmed Snapping up Scarce Baby Formula at Coles Store." News.com.au, October 19. https://www.news.com.au/finance/business/retail/frantic-shoppers-filmed-snapping-up-scarce-baby-formula-at-coles-store/news-story/b44728f3205526d29e770962679bf508.

Grant, Mark. 2000. *Galen, on Food and Diet*. London and New York: Routledge.

Grasseni, Cristina. 2009. *Developing Skill, Developing Vision—Practices of Locality at the Foot of the Alps*. New York: Berghahn Books.

——. 2011. "Re-inventing Food: Alpine Cheese in the Age of Global Heritage." *Anthropology of Food*, Volume 8. https://journals.openedition.org/aof/6819.

Greenhalgh, Susan. 2011. *Cultivating Global Citizens: Population in the Rise of China*. Cambridge, MA: Harvard University Press.

Greenhalgh, Susan, and Edwin A. Winckler. 2005. *Governing China's Population: From Leninist to Neoliberal Biopolitics*. Stanford, CA: Stanford University Press.

Greenwood. Bernard. 1981. "Cold or Spirits? Choice and Ambiguity in Morocco's Pluralistic Medical System." *Social Science & Medicine* 15 (3): 219–235.

Guha, Amala. 2006. "Ayurvedic Concept of Food and Nutrition." SoM Articles, Paper 25. http://digitalcommons.uconn.edu/som_articles/25.

Guilford, Gwynn. 2013. "Foreign Dairy Firms Are Going to Have to Start Helping Their Chinese Competitors." *Quartz*, July 9. https://qz.com/101344/selling-milk-to-china-is-about-to-become-a-much-trickier-business/.

Gussler, Judith D., and Linda H. Briesemeister. 1980. "The Insufficient Milk Syndrome: A Biocultural Explanation." *Medical Anthropology* 4 (2): 145–174.

Hannerz, Ulf. 1996. *Transnational Connections: Culture, People, Places*. London: Routledge.

Harbottle, Lynn. 2000. *Food for Health, Food for Wealth: The Performance of Ethnic and Gender Identities by Iranian Settlers in Britain*. New York: Berghahn Books.

Harney, Alexandra. 2013. "Special Report: How Big Formula bought

China." Reuters. Accessed May 15, 2019. https://www.reuters.com/article/us-china-milkpowder-special report/special-report-how-big-formula-bought-china-idUSBRE9A700820131108.

Harris, Marvin. 1974. *Cows, Pigs, Wars & Witches: The Riddles of Culture.* New York: Random House.

——. 1979. *Cultural Materialism: The Struggle for a Science of Culture.* New York: Random House.

——. 1986. *Good to Eat: Riddles of Food and Culture.* London: Allen and Unwin.

Harris, Marvin, and Eric B. Ross, eds. 1987. *Food and Evolution: Toward a Theory of Human Food Habits.* Philadelphia: Temple University Press.

Harvey, David. 2005. *A Brief History of Neoliberalism.* New York: Oxford University Press.

Hastrup, Kirsten, Peter Elsass, Ralph Grillo, Per Mathiesen, and Robert Paine. 1990. "Anthropological Advocacy: A Contradiction in Terms?" *Current Anthropology* 31 (3): 301–311.

Hatton, Celia. 2013. "Baby Milk Rationing: Chinese Fears Spark Global Restrictions." BBC News. April 10. https://www.bbc.com/news/business-22088977.

Hawkes, David. 1985. *The Songs of the South: An Anthology of Ancient Chinese Poems by Qu Yuan and Other Poets.* Harmondsworth, Middlesex: Penguin Books.

Hays, Sharon. 1996. *The Cultural Contradictions of Motherhood.*

New Haven, CT: Yale University Press.

Herskovitz, Stephen, and Malcolm Crystal. 2010. "The Essential Brand Persona: Storytelling and Branding." *Journal of Business* 31 (3): 21–28.

Hertzler, Steven R., L. Bao-Chau, B. L. Huynh, and Dennis A. Savaiano. 1996. "How Much Lactose Is Low Lactose?" *Journal of the American Dietetic Association* 96 (3): 243–246.

Hertzler, Steven R., and Dennis A. Savaiano. 1996. "Colonic Adaptation to Daily Lactose Feeding in Lactose Maldigesters Reduces Lactose Intolerance." *The American Journal of Clinical Nutrition* 64:232–236.

HKIYCNA. 2011. "The Hong Kong Infant and Young Child Nutrition Association Launches Code of Practice for the Marketing of Infant Formula." October 18. Accessed April 13, 2020. http://hkiycna.hk/downloads/English%20Press%20Release%20on%2018%20Oct%202011.pdf.

Ho, Louise. 2015. "Public Breast-Feeding Still Not Accepted by Chinese." *Global Times*. http://www.globaltimes.cn/content/955931.shtml.

Hohenegger, Beatrice. 2006. *Liquid Jade: The Story of Tea from East to West*. New York: St. Martin's Press.

Hsieh, Arnold Chialoh. 1982. "Speech at the 115th Congregation." University of Hong Kong. Accessed June 5, 2019. https://www4.hku.hk/hongrads/index.php/archive/

graduate_detail/87.

Hsiung Ping-chen. 1995. *You You: Chuantong zhongguo de qiangbao zhi dao*. Taipei: Lian jing chuban shiye gongsi minguo.

Hu, Dinghuan, Ruiying Fan, Ting Lin, and Bing Liu. 2012. "Exploring the Causes of Rapid Development of China's Dairy Industry." Proceedings of a Symposium held at 15th AAAP Congress, Bangkok, Thailand. November 29. http://dairyasia.org/file/Proceedings_dairy.pdf#page=29.

Hu S. H. 1966. *Yin Shan Zheng Yao*. Taibei: Taiwan shang wu yin shu guan, Minguo.

Huang, Hsingtsung. 2000. "Fermentations and Food Science: Biology and Biological Technology." *Science and Civilization in China*, vol. 6, part 5. Cambridge: Cambridge University Press.

———. 2002. "Hypolactasia and the Chinese Diet." *Current Anthropology* 43 (5): 809–819.

———. 2008. "Early Uses of Soybean in Chinese History." In *The World of Soy*, edited by Christine M. Du Bois, Cheebeng Tan, and Sidney W. Mintz, 45–55. Urbana: University of Illinois Press.

Huang Jiahe, ed. 2011. *Chong chu Xianggang hao wei lai*. Xianggang: Jing ji ri bao chubanshe.

Huang, Yu. 2016. "Neoliberalizing Food Safety Control: Training Licensed Fish Veterinarians to Combat Aquaculture Drug Residues in Guangdong." *Modern China* 42 (5): 535–565.

Huitema, H. 1982. "Animal Husbandry in the Tropics, Its Economic

Importance and Potentialities." *Studies in a Few Regions of Indonesia.* Communications—Royal Tropical Institute.

Hunt, Tristram. 2014. *Ten Cities That Made an Empire*. London: Allen Lane.

Hunter, William C. (1882) 1938. *The Fan Kwae at Canton before Treaty Days* 1825–1844. Shanghai: The Oriental Affairs.

Hutching, Gerard. 2018. "Milking It: The True Cost of Dairy on the Environment." Stuff Ltd, August 25. https://www.stuff.co.nz/business/farming/106546688/milking-it-the-true-cost-of-dairy-on-the-environment.

Inouye, Abraham. 2018. "Peoples Republic of China—Dairy and Products Semi-annual: Fluid Milk Consumption Continues to Increase." GAIN Report No. CH18028. May 15. https://apps.fas.usda.gov/newgainapi/api/report/downloadreportbyfilename?filename=Dairy%20and%20Products%20Semi-annual_Beijing_China%20-%20Peoples%20Republic%20of_5-16-2018.pdf.

——. 2019. "Peoples Republic of China—Dairy and Products Semi-annual: Higher Profits Support Increased Fluid Milk Production." *GAIN Report* No. CH19042. July 17.

Itan, Yuval, Adam Powell, Mark A. Beaumont, Joachim Burger, and Mark G. Thomas. 2009. "The Origins of Lactase Persistence in Europe." *PLOS Computational Biology* 5 (8): e1000491.

Jacobi, Corinna, Stewart Agra, Susan Bryson, and Lawrence D. Hammer. 2003. "Behavioral Validation, Precursors, and

Concomitants of Picky Eating in Childhood." *Journal of the American Academy of Child & Adolescent Psychiatry* 42 (1): 76–84.

Jing, Jun, ed. 2000. *Feeding China's Little Emperors*. Stanford, CA: Stanford University Press.

Kaimen, Johnathan. 2014. "Hong Kong's Umbrella Revolution—the Guardian Briefing." *The Guardian*, September 20. https://www.theguardian.com/world/2014/sep/30/-sp-hong-kong-umbrella-revolution-pro-democracy-protests.

Kaptchuk, Ted J. 2000. *The Web That Has No Weaver: Understanding Chinese Medicine.* New York: McGraw-Hill.

Katz, Cindi. 2008. "Childhood as Spectacle: Relays of Anxiety and the Reconfiguration of the Child." *Cultural Geographies* 15:5–17.

Ke Zhixiong. 2009. *Zhongguo naishang*. Shanxi: Shanxi jingji chubanshe.

Kerzner, B., K. Milano, W. C. MacLean Jr., G. Berall, S. Stuart, and I. Chatoor. 2015. "A Practical Approach to Classifying and Managing Feeding Difficulties." Pediatrics 135:344–353.

Kimura, Aya Hirata. 2013. *Hidden Hunger: Gender and the Politics of Smarter Foods.* Ithaca, NY: Cornell University Press.

Kleinman, Arthur. 2006. *What Really Matters: Living a Moral Life amidst Uncertainty and Danger.* Oxford and New York: Oxford University Press.

Kleinman, Arthur, ed. 1976. *Medicine in Chinese Cultures: Comparative Studies of Health Care in Chinese and Other Societies: Papers and Discussions from a Conference held in Seattle, Washington, USA, February 1974*, 241–271. Washington, DC: National Institutes of Health, Public Health Service, US Department of Health, Education, and Welfare (US Government Printing Office).

Knaak, Stephanie J. 2010. "Contextualising Risk, Constructing Choice: Breastfeeding and Good Mothering in Risk Society." *Health, Risk and Society* 12 (4): 345–355.

Kou Ping. 2015. *Quan you xin jin*. Beijing: Zhongguo zhong yiyao chubanshe.

Kuan, Teresa. 2015. *Love's Uncertainty: The Politics and Ethics of Child Rearing in Contemporary China*. Oakland: University of California Press.

Kukla, Rebecca. 2005. *Mass Hysteria, Medicine, Culture and Women's Bodies*. New York: Roman and Littlefield.

Lai, K. K. Y., J. L. Y. Chan, G. Schmer, and T. R. Fritsche. 2003. "Sir Patrick Manson: Good Medicine for the People of Hong Kong." *Hong Kong Medical Journal* 9 (2): 145–147.

Laland, Kevin N., John Odling-Smee, and Sean Myles. 2010. "How Culture Shaped the Human Genome: Bringing Genetics and the Human Sciences Together." *Genetics* 11:137–149.

Lane, Christopher. 2006. "How Shyness Became an Illness: A Brief

History of Social Phobia." *Common Knowledge* 12.3:388–409.

Lau, Siu-kai, and Hsin-chi Kuan. 1988. *The Ethos of the Hong Kong Chinese*. Hong Kong: Chinese University Press.

Lawrence, Felicity. 2019. "Can the World Quench China's Bottomless Thirst for Milk?" *The Guardian*, March 29. https://www.theguardian.com/environment/2019/mar/29/can-the-world-quench-chinas-bottomless-thirst-for-milk.

Leach, Helen M. 1999. "Food Processing Technology: Its Role in Inhibiting or Promoting Change in Staple Foods." In *The Prehistory of Food*, edited by Chris Gosden and Jon Hather, 129–138. London: Routledge.

Lee, Ellie J. 2007. "Health, Morality, and Infant Feeding: British Mothers' Experiences of Formula Milk Use in the Early Weeks." *Sociology of Health and Illness* 29 (7): 1075–1090.

——. 2008. "Living with Risk in the Era of 'Intensive Motherhood': Maternal Identity and Infant Feeding." *Health, Risk and Society* 10 (5): 467–477.

Lee, Paul S., Clement Y. K. So, and Louis Leung. 2015. "Social Media and Umbrella Movement: Insurgent Public Sphere in Formation." *Chinese Journal of Communication* 8 (4): 356–375. doi:10.1080/17544750.2015.1088874.

Lee, Sing. 1999. "Fat, Fatigue and the Feminine: The Changing Cultural Experience of Women in Hong Kong." *Culture, Medicine and Psychiatry* 23 (1): 51–73.

Leong, Desiree. 2017. "The Days of Easy Money Exporting Baby Milk Powder Are Over." *Vice Channel*, July 28. https://www.vice.com/en_au/article/evde3p/the-days-of-easy-money-exporting-baby-milk-are-over.

Leung, Angela Kiche. 2009. *Leprosy in China: A History*. New York: Columbia University Press.

Leung, Sophie S. F. 1995. *A Simple Guide to Childhood Growth and Nutrition Assessment.* Xianggang: Xianggang Zhong wen da xue er ke xue xi.

——. 2005. *Ni ke yi bu yin niu nai.* Xianggang: Quan xin chubanshe you xian gong si.

Leung, Sophie S. F., and Susan S. H. Lui. 1990. "Nutrition Value of Hong Kong Chinese Weaning Diet." *Nutrition Research* 10:707–715.

Levenstein, Harvey. 2003. "Paradoxes of Plenty." In *Paradox of Plenty: A Social History of Eating in Modern America*, 237–255. Berkeley: University of California Press.

Levitt, Tom. 2018. "Dairy's 'Dirty Secret': It's Still Cheaper to Kill Male Calves than to Rear Them." *The Guardian*, March 26. https://www.theguardian.com/environment/2018/mar/26/dairy-dirty-secret-its-still-cheaper-to-kill-male-calves-than-to-rear-them.

Levy, Marion Joseph. 1968. *The Family Revolution in Modern China.* New York: Atheneum.

Li, Lillian M. 1981. *China's Silk Trade: Traditional Industry in the Modern World,* 1842–1937. Cambridge, MA: Council on East Asian Studies, Harvard University. Distributed by Harvard University Press.

Li Lingyun and Hua Xiaogang. 1925. "Ruer de rong yang fa." *Chenbaofujuan hao* 39 (August): 1–2.

Li, Sherry F., Elizabeth Haywood-Sullivan, and Lin Li. 2012. "Made in China: The Mengniu Phenomenon." *Management Accounting Quarterly* 13.3.

Li Shizhen. (1578) 2003. *Compendium of Materia Medica: Bencao gangmu.* Beijing: Foreign Languages Press.

Li, Wenhua, and Qingwen Min. 1999. "Integrated Farming Systems an Important Approach toward Sustainable Agriculture in China." *Ambio* 28 (8): 655–662.

Li, Yaochung A. 1981. *Against Culture: Problematic Love in Early European and Chinese Narrative Fiction.* Microfilm. Ann Arbor: University Microfilm International.

Liang Xingyi. 2014. "Pianshi naifen yi zhi pianshi." *MingPao Daily*, February 3.

Liao Xixiang. 2009. *Shunde yuansheng meishi.* Zhongguo: Qingzhou chubanshe.

Lieban, Richard. 1973. "Medical Anthropology." In *Handbook of Social and Cultural Anthropology*, edited by J. J. Honigman, 1021–1072. Chicago: Rand McNally.

Lindquist, Galina. 2001. "Wizard, Gurus, and Energy Information Fields." *Anthropology of East Europe Review* 19 (1): 16–28.

Ling, Amy, and Hardy Zhou. 2014. "China Continues Rural Support with Agribusiness Tax Incentives." *China Business Review*, October 16. https://www.chinabusinessreview.com/china-continues-rural-support-with-agribusiness-tax-incentives/.

Liong, Mario. 2017. "Sacrifice for the Family: Representation and Practice of Stay-at-Home Fathers in the Intersection of Masculinity and Class in Hong Kong." *Journal of Gender Studies* 26 (4): 402–417.

Liu Fang et al., eds. 2012. *You you xinshu*, Section 4, buer fa Part VI. Guangzhou: Guǎngdong kejì chubanshe.

Liu, Jenny. 2013. *Breastfeeding in China: Improving Practices to Improve China's Future*. UNICEF. https://www.unicef.cn/en/reports/improving-practices-improve-chinas-future.

Liu Shuyong, ed. 2009. *Jian ming Xianggang shi*. Xianggang: San lian shu dian (Xianggang) you xian gong si.

Lo, Shukying. 2009. "Mother's Milk and Cow's Milk: Infant Feeding and the Reconstruction of Motherhood in Modern China, 1900–1937." PhD diss., The Chinese University of Hong Kong.

Lock, Margaret. 1980. *East Asian Medicine in Urban Japan: Varieties of Medical Experience*. Berkeley: University of California Press.

Lock, Margaret, and Deborah Gordon. 1988. *Biomedicine Examined.*

Dordrecht: Kluwer Academic Publishers.

Ma, S. C., J. Du, P. P. But, X. L. Deng, Y. W. Zhang, V. E. Ooi, H. X. Xu, S. H. Lee, and S. F. Lee. 2002. "Antiviral Chinese Medicinal Herbs against Respiratory Syncytial Virus." *Journal of Ethnopharmacology* 79 (2): 205–211.

MacCannell, Dean. 1973. "Staged Authenticity: Arrangements of Social Space in Tourist Settings." *The American Journal of Sociology* 79 (3): 589–603.

Mackie, W. W. 1903. "The Value of Oak Leaves for Forage." *California Agriculture Experiment Station* 150:1–21.

Macvarish, Jan, Ellie J. Lee, and Pam K. Lowe. 2014. "The 'First Three Years' Movement and the Infant Brain: A Review of Critiques." *Sociology Compass* 8 (6): 792–804.

Mak, Sau-wa. 2014. "The Revival of Traditional Water Buffalo Cheese Consumption: Class, Heritage and Modernity in Contemporary China." *Food and Foodways: Explorations in the History and Culture of Human Nourishment* 22 (4): 322–347.

——. 2016. "Digitalised Health, Risk and Motherhood: Politics of Infant Feeding in Post-Colonial Hong Kong." *Health, Risk & Society* 17 (7–8): 547–564.

——. 2017. "How Picky Eating Becomes an Illness—Marketing Nutrient-Enriched Formula Milk in a Chinese Society," *Ecology of Food and Nutrition* 56 (1): 81–100.

Man, P. 2012. "Plate of Problems for Young Fussy Eaters." The

Standard, June 28, 12.

Manson-Bahr, Philip H., and A. Alcock. 1927. *The Life and Work of Sir Patrick Manson*. London: Cassell.

Marketline. 2017. *Market Industry Profile—Dairy in China*. Progressive Digital Media Limited, June.

Masson, Robert T., and Lawrence Marvin DeBrock. 1980. "The Structural Effects of State Regulation of Retail Fluid Milk Prices." *Review of Economics and Statistics* 62 (2): 254–262.

Mauss, Marcel. (1954) 2011. *The Gift*. Glencoe: The Free Press.

McCracken, R. D. 1971. "Lactase Deficiency: An Example of Dietary Evolution." *Current Anthropology* 12:479–517.

McDonald, Mark. 2012. "Carcinogen Found in Chinese Baby Formula." *New York Times*, July 23. https://cn.nytimes.com/china/20120724/c24formula/en-us/.

McIntyre, Bryce T., Christine Wai-sum Cheng, and Weiyu Zhang. 2002. "Cantopop." *Journal of Asian Pacific Communication* 12 (2): 217–243.

Meadjohnson. 2018. "Enfamama." Accessed August 10, 2018. https://www.meadjohnson.com.hk/products/enfamama.

Meulenbeld, G. Jan, and Dominik Wujastyk, eds. 1987. *Studies on Indian Medical History*. Groningen: Egbert Forsten.

Messer, Ellen. 1981. "Hot-cold Classification: Theoretical and Practical Implications of a Mexican Study." *Social Science & Medicine. Part B: Medical Anthropology* 15 (2): 133–145.

——. 1984. "Anthropological Perspectives on Diet." *Annual Review of Anthropology* 13:205–249.

*Milktealogy*. 2016. "Keung Hing Cafe." Accessed April 15, 2020. https://www.facebook.com/milktealogy/posts/712322378925347/.

Minchin, Maureen. 1985. *Breastfeeding Matters: What We Need to Know About Infant Feeding*. Melbourne: Alma Publications in association with George Allen & Unwin.

*Ming Pao*. 2011. "Gang xian naifen huang zhuoyue: Suo sheng wuji." January 4, B02.

——. 2013. "Nan di 'mama hui' gui jia jiceng tizao zhuan xi zhou." January 31. https://life.mingpao.com/general/article?issue=20130131&nodeid=1508261096500.

——. 2014. "Pianshi naifen yi zhi pianshi." February 3, A8.

Mintz, Sidney W. 1985. *Sweetness and Power: The Place of Sugar in Modern History*. New York: Viking Penguin.

Mintz, Sidney, and Cheebeng Tan. 2001. "Bean-Curd Consumption in Hong Kong." *Ethnology* 40 (2): 113–128.

Mok, Winston. 2015. "China's Central and Local Governments Must Seek a Fairer Share of the Fiscal Burden." *South China Morning Post*, September 29. https://www.scmp.com/comment/insight-opinion/article/1862356/chinas-central-and-local-governments-must-seek-fairer-share.

Morris, Carol, and Nick Evans. 2001. "'Cheese Makers Are Always Women': Gendered Representations of Farm Life in the

Agricultural Press." *Gender, Place & Culture* 8 (4): 375–390.

Morton, Edouard. 2018. "Transparency International: China Climbs Two Places in Global Corruption Perception Ranking as President Xi Jinping Wages War on Graft." *South China Morning Post*, February 22. https://www.scmp.com/news/world/united-states-canada/article/2134145/transparency-international-china-climbs-two-places.

Moynihan, R., and A. Cassels. 2005. Selling Sickness: *How the World's Biggest Pharmaceutical Companies Are Turning Us All into Patients*. New York: Nation Books.

Murphy, Elizabeth. 2000. "Risk, Responsibility, and Rhetoric in Infant Feeding." *Journal of Contemporary Ethnography* 29 (3): 291–325.

National Bureau of Statistics of China. 2018a. *China Statistic Yearbook* 1996–1999. Accessed June 2, 2018. http://www.stats.gov.cn/english/statisticaldata/annualdata/.

——. 2018b. "Number of Refrigerators per 100 Rural and Urban Households in China from 1990 to 2016." Accessed June 13, 2018. https://www.statista.com/statistics/278747/number-of-refrigerators-per-100-households-in-china/.

National Dairy Council. 2017. "Health and Wellness." Accessed November 1, 2017. http://researchsubmission.nationaldairycouncil.org/Pages/Home.aspx.

Nestle, Marion. 2002. Food Politics: *How the Food Industry*

*Influences Nutrition and Health.* Revised and expanded edition. Berkeley: University of California Press.

———. 2018. *Unsavory Truth: How Food Companies Skew the Science of What We Eat.* New York: Basic Books.

Nestlé Health Science. 2019. "Nitren Junior—About the Product." Accessed April 15, 2020. https://www.nestlehealthscience.us/brands/nutren-junior/nutren-junior.

New York City Department of Health and Mental Hygiene. 2015. "Breastfeeding Disparities in New York City." *Epi Data Brief* No. 57. Accessed April 11, 2020. https://www1.nyc.gov/assets/doh/downloads/pdf/epi/databrief57.pdf.

*New Zealand Herald.* 2017. "The Interview: Fonterra Plays the Long Game in China." March 18. http://www.nzherald.co.nz/business/news/article.cfm?c_id=3&objectid=11820356.

Nicholls, Dasha, Rache Chater, and Bryan Lask. 2000. "Children into DSM Don't Go: A Comparison of Classification Systems for Eating Disorders in Childhood and Early Adolescence." *International Journal of Eating Disorders* 28:317–324.

Nicklas, Theresa A., Haiyan Qu, Sheryl O. Hughes, Sara E. Wagner, H. Russell Foushee, and Richard M. Shewchuk. 2009. "Prevalence of Self-Reported Lactose Intolerance in a Multiethnic Sample of Adults." *Nutrition Today* 44 (5): 222–227.

Ng, Brady. 2017. "Obesity: The Big, Fat Problem with Chinese

Cities." *The Guardian*, January 9. https://www.theguardian.com/sustainable-business/2017/jan/09/obesity-fat-problem-chinese-cities.

Ng, Naomi. 2017. "Suicides among Hong Kong Children Accounted for Quarter of Unnatural Deaths in 2012 and 2013." *South China Morning Post*, September 2.

Ng, Yupina. 2017. "Children in Hong Kong Are Raised to Excel, Not to be Happy, and Experts Say That Is Worrying." *South China Morning Post*, November 25. https://www.scmp.com/news/hong-kong/community/article/2121442/children-hong-kong-are-raised-excel-not-happiness-and.

Nutt, Helen H. 1979. "Infant Nutrition and Obesity." *Nursing Forum* 18:131.

Ortner, Sherry. 1984. "Theory in Anthropology since the Sixties." *Comparative Studies in Society and History* 26 (1): 126–166.

Orwell, George. 1946. "A Nice Cup of Tea." *Evening Standard*, January 12.

Osborne, Michael A. 2001. "Acclimatizing the World: A History of the Paradigmatic Colonial Science." *Osiris* 15:135–151.

Ouyang, Shijia. 2018. "Looks Build Brands and Careers Now." *China Daily*, January 22. http://www.chinadaily.com.cn/a/201801/22/WS5a6546cba3106e7dcc135ae0.html.

Ouyang Yingji. 2007. *Xianggang wei dao*. Xianggang: Wan li ji gou,

Yin shi tian di chubanshe.

Oxfeld, Ellen. 2017. *Bitter and Sweet: Food, Meaning, and Modernity in Rural China*. Oakland: University of California Press.

Palmer, David, A. 2007. *Qigong Fever: Body, Science, and Utopia in China*. New York: Columbia University Press.

Park, Sohyun, Jae-Heon Kang, Robert Lawrence, and Joel Gittelsohn. 2014. "Environmental Influences on Youth Eating Habits: Insights From Parents and Teachers in South Korea." *Ecology of Food and Nutrition* 53 (4): 347–362.

Parreñas, Rhacel Salazar. 2001. "Mothering from a Distance: Emotions, Gender, and Intergenerational Relations in Filipino Transnational Families." *Feminist Studies* 27 (2): 361–390.

Patel, Raj. 2007. *Stuffed and Starved: Markets, Power and the Hidden Battle over the World's Food System*. London: Portobello Books.

Paxson, Heather. 2010. "Locating Value in Artisan Cheese: Reverse Engineering Terroir for New-World Landscapes." *American Anthropologist* 112 (3): 444–457.

Pease, Bob. 2000. *Recreating Men: Postmodern Masculinity Politics*. London: SAGE Publications Ltd.

Pei, Xiaofang, Annuradha Tandon, Anton Alldrick, Liana Giorgi, Wei Huang, and Ruijia Yang. 2010. "The China Melamine Milk Scandal and Its Implications for Food Safety Regulation." *Food*

*Policy* 36 (3): 412–420.

Pelto, Gretel H., and Luis Alberto Vargas, eds. 1992. "Perspectives on Dietary Change: Studies in Nutrition and Society." *Ecology of Food and Nutrition* (Special issue) 27 (3–4).

Peters, Erica J. 2012. *Appetites and Aspirations in Vietnam: Food and Drink in the Long Nineteenth Century*. Lanham, MD: AltaMira Press.

Petryna, Adriana, and Arthur Kleinman. 2006. "The Pharmaceutical Nexus." In *Global Pharmaceuticals: Ethics, Markets, Practices*, edited by Adriana Petryna, Andrew Lakoff, and Arthur Kleinman, 1–32. Durham, NC: Duke University Press.

Peverelli, Peter J. 2006. *Chinese Corporate Identity*. London: Routledge.

Peynaud, Emile. 2005. "Tasting Problems, and Errors of Perception." *In The Taste Culture Reader: Experiencing Food and Drink (Sensory Formations)*, edited by Carolyn Korsmeyer, 272–278. New York: Berg Publishers.

Pidgeon, Emily. 2017. "'It Was Chaos': Woman Claims Frenzied Asian Shoppers nearly Knocked Her Off Her Feet as They Sprinted through Coles Grabbing Baby Formula." *MailOnline*, October 19. https://www.dailymail.co.uk/news/article-4996438/Woman-claims-Asian-shoppers-knocked-feet-Coles.html.

Pingali, Prabhu. 2007. "Westernization of Asian Diets and the Transformation of Food Systems: Implications for Research and

Policy." *Food Policy* 32:281–298.
Poitras, Geoffrey. 2012. "OxyContin, Prescription Opioid Abuse and Economic Medicalization." *Medicolegal and Bioethics*, November 22.
Porkert, Manfred. 1974. *Theoretical Foundations of Chinese Medicine: Systems of Correspondence*. Cambridge, MA: MIT Press.
Qian, Linhai, Wei Huang, and Hangen Ma. 2011. *Handbook of Yummy Shunde*. Shunde: Zhujiang Shang Bao Jingying Zhongxin.
Radbill, Samuel X. 1981. "Infant Feeding through the Age." *Clinical Pediatrics* 10 (10): 613–621.
Radio Television Hong Kong. 2012. "Floating and Opportunity." Episode 19 in *The Hong Kong Story—Our Brands* series, March 19. Accessed April 13, 2020. https://www.youtube.com/watch?v=BkxHuVnCIkE.
Relman, Arnold S. 2008. "Industry Support of Medical Education." *Journal of the American Medical Association* 300 (9): 1071–1073.
Ritzer, George. 2019. *The McDonaldization of Society: Into the Digital Age*. 9th ed. Thousand Oaks, CA: SAGE Publications, Inc.
Romagnoli, Amy, and Glenda Wall. 2012. "'I know I'm a Good Mom': Young, Low-Income Mothers' Experiences with Risk Perception, Intensive Parenting Ideology and Parenting Education

Programmes." *Health, Risk & Society* 14 (3): 273–289.

Rosaldo, Michelle Z. 1984. "Towards an Anthropology of Self and Feeling." In *Culture Theory: Essays on Mind, Self and Emotion,* edited by Richard A. Shweder and Robert A. LeVine, 137–157. Cambridge: Cambridge University Press.

Rose, Nikolas. 2001. "The Politics of Life Itself." *Theory Culture & Society* 18 (1): 1–30.

Roseberry, William. 1996. "The Rise of Yuppie Coffees and the Reimagination of Class in the United States." *American Anthropologist* 98 (4): 762–775.

Sabban, Francoise. 2011. "Milk Consumption in China: The Construction of a New Food Habit." Paper presented at the 12th Symposium on Chinese Dietary Culture: Foundation of Chinese Dietary Culture. Okinawa, Japan, November 19–21.

——. 2014. "The Taste for Milk in Modern China (1865–1937)." In *Food Consumption in Global Perspective: Consumption and Public Life*, edited by Jakob A. Klein and Anne Murcott, 182–208. London: Palgrave Macmillan.

Sachse, William L., ed. (1659) 1961. *The Diurnal of Thomas Rugg, 1659–1661.* London: Royal Historical Society.

Sadock, Benjamin J., Virginia A. Sadock, Pedro Ruiz, and Harold I. Kaplan. 2009. *Kaplan & Sadock's Comprehensive Textbook of* Psychiatry. Philadelphia: Wolters Kluwer Health/Lippincott Williams and Wilkins.

Sahlins, Marshall. 1976. *Culture and Practical Reason*. Chicago: University of Chicago Press.

Sasson, Tehila. 2016. "Milking the Third World? Humanitarianism, Capitalism and Moral Economy of the Nestlé Boycott." *The American Historical Review* 121 (4): 1196–1224.

Sayer, Geoffrey Robley, and D. M. Emrys Evans. 1985. *Hong Kong 1862–1919: Years of Discretion*. Hong Kong: Hong Kong University Press.

Schafer, Edward H. 1977. "Tang." In *Food in Chinese Culture: Anthropological and Historical Perspectives*, edited by Kwangchih Chang, 85–140. New Haven, CT: Yale University Press.

Scheper-Hughes, Nancy, and Margaret M. Lock. 1987. "The Mindful Body: A Prolegomenon to Future Work in Medical Anthropology." *Medical Anthropology Quarterly* 1.1:6–41.

Scrinis, Gyorgy. 2008. "On the Ideology of Nutritionism." *Gastronomic* 8 (1): 39–48.

——. 2013. *Nutritionism: The Science and Politics of Dietary Advice*. New York: Columbia University Press.

Selwyn-Clarke, Sir Selwyn. 1975. *Footprints: The Memoirs of Sir Selwyn Selwyn-Clarke*. Hong Kong: Sino-American Publishing Co.

*Shen Bao*. 1929. "Kede Milk Advertisement." Supplement, April 21.

Sheng, S. Y., M. L. Tong, D. M. Zhao, T. F. Leung, F. Zhang, N. P. Hays, J. Ge, et al. 2014. "Randomized Controlled Trial to Compare Growth Parameters and Nutrient Adequacy in Children with Picky Eating Behaviors who Received Nutritional Counseling with or without an Oral Nutritional Supplement." *Nutrition and Metabolic Insights* 7:85–94.

Shih Ziggy. 2016. "Nushen Angelababy, Linxinru huaiyun yiran xianxi du bao biaopan dian nu xing yun ma mi yang tai bu yang rou mi zhao." *Cosmopolitan*, November 3.

Showalter, Elaine. 1985. *The Female Malady: Women, Madness and English Culture, 1830–1980. New York:* Pantheon.

*Shunde Longjiang Gazette*. 1967. "Longjiang." Taibei: Chengwen chubanshe.

Silanikove, Nissim, Gabriel Leitner, and Uzi Merin. 2015. "The Interrelationships between Lactose Intolerance and the Modern Dairy Industry: Global Perspectives in Evolutional and Historical Backgrounds." *Nutrients* 7:7312–7331.

Simmel, Georg. (1903) 2002. "The Metropolis and Mental Life." In *The Blackwell City Reader*, edited by Gary Bridge and Sophie Watson, 11–19. Oxford and Malden, MA: Wiley-Blackwell.

Singer, Merrill. 1990. "Reinventing Medical Anthropology: Toward a Critical Realignment." *Social Science & Medicine* 30 (2): 179–187.

Singer, Merrill, and Hans Baer. 1995. *Critical Medical Anthropology*.

Amityville, NY: Baywood Publishing Company, Inc.

*Singtao Daily*. 2015. "Lots of Anxiety for Hong Kong Students, Parents Must Reduce Pressure." March 27, F09.

———. 2018. "Aaron Kwok Played the Role of a Street Hawker in Order to Earn Money for Milk Powder." October 28. Accessed April 11, 2020.

Smith, Carl T. 1995. *A Sense of History: Studies in the Social and Urban History of Hong Kong*. Hong Kong: Hong Kong Educational Publishing Company.

Smith, Richard D. 2006. "Responding to Global Infectious Disease Outbreaks: Lessons from SARS on the Role of Risk Perception, Communication and Management." *Social Science & Medicine* 63 (12): 3113–3123.

Solomon, Richard. 1971. *Mao's Revolution and the Chinese Political Culture*. Berkeley: University of California Press.

Solt, George. 2014. *The Untold History of Ramen: How Political Crisis in Japan Spawned a Global Food Craze*. Berkeley: University of California Press.

Sonobe, Teysushi, Dinghuan Hu, and Keijiro Otsuka. 2002. "Process of Cluster Formation in China: A Case Study of a Garment Town." *The Journal of Development Studies* 39 (1): 140–164.

*South China Morning Post*. 2010. "Lower Milk Standard to Ward Off Melamine Use." July 14. Accessed August 29, 2017. http://www.scmp.com/article/719620/lower-milk-standard-wardmelamine-use.

Spence, Jonathan. 1977. "Ch'ing." In *Food in Chinese Culture: Anthropological and Historical Perspectives*, edited by Kwangchih Chang, 259–294. New Haven, CT: Yale University Press.

Statista.com. 2019. "Global Consumption of Fluid Milk 2018, by Country." Accessed May 27, 2019. https://www.statista.com/statistics/272003/global-annual-consumption-of-milk-by-region/.

Stearns, Cindy A. 2009. "The Work of Breastfeeding." *Women Studies Quarterly* 37.3 (4): 63–80.

Stevenson, Rachel, and agencies. 2008. "China Milk Scare Spreads to 54,000 Children." *The Guardian*, September 22. Accessed April 22, 2020. https://www.theguardian.com/world/2008/sep/22/china.

Striffler, Steve. 2005. *Chicken: The Dangerous Transformation of America's Favorite Food*. New Haven, CT: Yale University Press.

Su Yu. 2005. *Bijiang jianggu*. Guangzhou: Huacheng chubanshe.

Sun, Jian, Benny K. H. Tan, Shanhong Huang, Matthew Whiteman, Yizhun Hiteman, and Yizhun Zhu. 2002. "Effects of Natural Products on Ischemic Heart Diseases and Cardiovascular System." *Acta Pharmacologica Sinica* 23 (12): 1142–1151.

Sun Xianhong and Zhiguo Zhang. 2005. *Mengniu neimu*. Beijing: Beijing University Press.

Sun, Yuelian, Hans Gregersen, and Wei Yuan. 2017. "Chinese Health Care System and Clinical Epidemiology." *Clinical Epidemiology*

9:167–178.

Swislocki, Mark. 2009. *Culinary Nostalgia: Regional Food Culture and the Urban Experience in Shanghai*. Stanford, CA: Stanford University Press.

Tadesse, K., D. T. Y. Leung, and R. C. F. Yuen. 1992. "The Status of Lactose Absorption in Hong Kong Chinese Children." *Acta Paediatrica* 81 (8): 598–600.

Talbot, Margaret. 2001. "The Shyness Syndrome: Bashfulness Is the Latest Trait to Become a Pathology." *New York Times Sunday Magazine*, June 24, 11.

Tam, Luisa. 2018. "Hong Kong's Schoolchildren Are Stressed Out—and Their Parents Are Making Matters Worse." *South China Morning Post*, July 16.

Tam, Siumi Maria. 1996. "Normalization of 'Second Wives': Gender Contestation in Hong Kong." *Asian Journal of Women's Studies* 2:113–132.

Tan, Sweepoh, and Erica Wheeler. 1983. "Concepts Relating to Health and Food Held by Chinese Women in London." *Ecology of Food and Nutrition* 13 (1): 37–49.

Tang, Kwong-Leung. 1998. *Colonial State and Social Policy: Social Welfare Development of Hong Kong 1842–1997*. Lanham, MD: University Press of America.

Tao, Vivienne Y. K., and Yingyi Hong. 2013. "When Academic Achievement Is an Obligation—Perspectives from Social-

Oriented Achievement Motivation." *Journal of Cross-Cultural Psychology* 45 (1): 110–136.

Tarrant, Marie, Joan E. Dodgson, and Vinkline Wing Kay Choi. 2004. "Becoming a Role Model: The Breastfeeding Trajectory of Hong Kong Women Breastfeeding Longer than Six Months." *International Journal of Nursing Studies* 41 (5): 535–546.

Tarrant, Marie, Daniel Y. T. Fong, Kendra M. Wu, Irene L. Y. Lee, Emmy M. Y. Wong, Alice Sham, Christine Lam, and Joan E. Dodgson. 2010. "Breastfeeding and Weaning Practices among Hong Kong Mothers: A Prospective Study." *BMC Pregnancy and Childbirth* 10:27. doi.org/10.1186/1471–2393–10–27.

Tay, Vivian. 2018. "Indonesia Prohibits Brands from Marketing Condensed Milk and Derivatives as Milk." *Marketing Interactive*. Accessed July 6, 2019. https://www.marketing-interactive.com/indonesia-prohibits-brands-from-marketing-condensed-milk-and-derivatives-as-milk/.

Teets, Jessica C. 2015. "The Politics of Innovation in China: Local Officials as Policy Entrepreneurs." *Issues & Studies* 51 (2): 79–109.

Thai, Hung Cam. 2006. "Money and Masculinity among Low Wage Vietnamese Immigrants in Transnational Families." *International Journal of Sociology of the Family* 32 (2): 247–271.

Timimi, Sami, and Eric Taylor. 2004. "ADHD Is Best Understood as a Cultural Construct." *British Journal of Psychiatry* 184:8–9.

Topick. 2015. "Shenshui bu yi kuan mei su jia er naifen que huo lu yu 45%" (One product of Frisco formula milk in Shumshuipo is 45% out-of-stock). February 16. https://topick.hket.com/article/546280/.

Tsang, Steve Yui-Sang. 2004. *A Modern History of Hong Kong*. Hong Kong: Hong Kong University Press.

Tuo, Guozhu. 2000. "Retrospective and Prospective of 50 years of Chinese Dairy Industry." In *50 Years of Chinese Dairy Industry*, edited by Huaibao Wang, 3–13. Beijing: Ocean Press.

Turner, S. Byran. 2004. "Foreword." In *Remaking Citizenship in Hong Kong: Community, Nation, and the Global City*, edited by Agnes S. Ku and Ngai Pun, xiii–xx. London and New York: Routledge.

UNESCO. 2017. "Ben Cao Gang Mu". http://www.unesco.org/new/en/communication-and-information/memory-of-the-world/register/full-list-of-registered-heritage/registered-heritage-page-1/ben-cao-gang-mu-compendium-of-materia-medica/.

Unschuld, Paul Ulrich. 2010. *Medicine in China: A History of Ideas*. 25th anniversary ed. Berkeley; London: University of California Press.

Valenze, Deborah. 2011. *Milk: A Local and Global History*. New Haven, CT: Yale University Press.

Van Esterik, Penny. 1989. *Beyond the Breast-bottle Controversy*.

New Brunswick, NJ: Rutgers University Press.

——. 1997. "The Politics of Breastfeeding: An Advocacy Perspective." In *Food and Culture: A Reader*, edited by Carole Counihan and Penny Van Esterik, 370–383. New York: Routledge.

——. 2008. "The Politics of Breastfeeding: An Advocacy Update." In *Food and Culture: A Reader*, 2d ed., edited by Carole Counihan and Penny Van Esterik, 467–481. New York: Routledge.

Veblen, T. (1899) 1994. "The Theory of the Leisure Class." In *The Collected Works of Thorstein Veblen*, vol. 1. Reprint, London: Routledge.

Waldmeir, Patti. 2013. "Bribery Allegations Emerge over Imported Infant Formula in China." *Financial Times*, September 23. https://www.ft.com/content/e4b697e2-2116-11e3-8aff-00144feab7de.

Waley, Arthur. (1919) 2005. *More Translations from the Chinese*. London: G. Allen & Unwin.

Wang, Dingmian. 2009. "Dairy Industry Loss 20 Billion because of Melamine Scandal: Mengniu and Yili Face Heavier Pressures." *South Metropolitan Newspaper*, October 31.

Wang, Jing. 2008. *Brand New China: Advertising, Media, and Commercial Culture*. Cambridge, MA: Harvard University Press.

Wang Mengying. 1990. *Lidai zhongyi zhenben jicheng, Book 19*. Shanghai: Sanlian shuju.

Wang, Yongfa, Yongshan Yan, Jiujin Xu, Ruofu Du, S. D. Flatz, W. Kühnau, and G. Flatz. 1984. "Prevalence of Primary Adult Lactose Malabsorption in Three Populations of Northern China." *Human Genetics* 67 (1): 103–106.

Wardle, Jane, Lucy J. Cooke, E. Leigh Gibson, Manuela Sapochnik, Aubrey Sheiham, and Margaret Lawson. 2003. "Increasing Children's Acceptance of Vegetables: A Randomized Trial of Parent-Led Exposure." *Appetite* 40 (2): 155–162.

Wardle, Jane, Carol Ann Guthrie, Saskia Sanderson, and Lorna Rapoport. 2001. "Development of the Children's Eating Behavior Questionnaire." *Journal of Child Psychology and Psychiatry* 42 (7): 963–970.

Watson, James, ed. 1997. *Golden Arches East: McDonald's in East Asia. Stanford*, CA: Stanford University Press.

Watsons Pharmacy. 2003. "Children's Health Not at the Top of Hong Kong Mothers' Concerns Even after SARS Outbreak." Press Release, July 12. http://www.hutchison-whampoa.com/en/media/press_each.php?id=1203.

Weenink, Don. 2008. "Cosmopolitanism as a Form of Capital: Parents Preparing Their Children for a Globalizing World." Sociology 42 (6): 1089–1106.

Wen, Hua. 2013. *Buying Beauty: Cosmetic Surgery in China*. Hong Kong: Hong Kong University Press.

White House, United States Government. 2013. "Baby Hunger

Outbreak in Hong Kong, International Aid Requested." Accessed September 23, 2018. https://petitions.whitehouse.gov/petition/baby-hunger-outbreak-hong-kong-international-aid-requested/xVSGJNN1.

Wiley, Andrea S. 2007. "Transforming Milk in a Global Economy." *American Anthropologist* 109 (4): 666–677.

———. 2011. *Re-imagining Milk: Cultural and Biological Perspectives*. New York: Routledge.

———. 2014. *Cultures of Milk: The Biology and Meaning of Dairy Products in the United States and India*. Cambridge, MA: Harvard University Press.

Windfuhr, Michael, and Jennie Jonsen. 2005. *Food Sovereignty: Towards Democracy in Localized Food Systems*. Rugby, Warwickshire: ITDG Publishing. http://www.ukabc.org/foodsovereignty_itdg_fian_print.pdf.

Wolf, Eric R. 1982. *Europe and the People without History*. Berkeley: University of California Press.

World Health Organization (WHO). 2003. "Summary of Probable SARS Cases with Onset of Illness from 1 November 2002 to 31 July 2003." Accessed April 21, 2020. https://www.who.int/csr/sars/country/table2004_04_21/en/.

———. 2013. "Country Implementation of the International Code of Marketing of Breast-milk Substitutes Status Report 2011." Geneva: World Health Organization.

——. 2019a. "Breastfeeding." Accessed November 5, 2019. https://www.who.int/topics/breastfeeding/en/.

——. 2019b. "Melamine." Accessed May 26, 2019. https://www.who.int/foodsafety/areas_work/chemical-risks/melamine/en/.

Wright, Peter. 1991. "Development of Food Choice during Infancy." *Proceedings of the Nutrition Society* 50:107–113.

Wu, Chun, Magen Xia, Youchi Kuo, and Carol Liao. 2014. "Capturing a Share of China's Consumer Health Market: From Insight to Action." Boston Consulting Group. February 25. https://www.bcg.com/publications/2014/center-consumer-customer-insight-globalization-insight-action-capturing-share-chinas-consumer-health-market.aspx.

Wu, David. 1997. "McDonald's in Taipei: Hamburgers, Betel Nuts, and National Identity." In *Golden Arches East: McDonald's in East Asia*, edited by James L. Watson, 110–135. Stanford, CA: Stanford University Press.

Wu, H., F. Yang, S. Cui, Y. Qin, J. Liu, and Y. Zhang. 2007. "Hematopoietic Effect of Fractions from the Enzyme-Digested Colla Corii Asini on Mice with 5-Fluorouracil Induced Anemia." *American Journal of Chinese Medicine* 35:853–866.

Wu Junxiong, Jiewei Ma, and Dale Lü, eds. 2006. *Xianggang, wen hua, yan jiu.* Hong Kong: Hong Kong University Press.

Wyeth Nutrition. 2015. "Why S-26® PE GOLD®?" https://www.wyethnutrition.com.my/en/products/picky-eater/s-26-pe-gold#.

Xinhua News Agency. 2015. "China Focus: Chinese Dairy Farmers Resort to Dumping Milk, Killing Cows." Accessed January 10, 2016. http://www.xinhuanet.com/english/indepth/2015-01/10/c_133910360.htm.

Xiu, Changbai, and K. K. Klein. 2010. "Melamine in Milk Products in China: Examining the Factors that Led to Deliberate Use of the Contaminant." *Food Policy* 35:463–470.

Xu, Fenglian, Liqian Qiu, Colin W. Binns, and Xiaoxian Liu. 2009. "Breastfeeding in China: A Review." *International Breastfeeding Journal* 4:6–21.

Xu Xian. 2007. *Gong xiang tai ping: Tai ping guan can ting de chuan qi gu shi.* Xianggang: Ming bao chubanshe you xian gong si.

Yan, Ruizhen, and Changbai Xiu. 2009. "Survey of Dairy Industry Development in Helinger County, Inner Mongolia." Unpublished technical report to *Evangelischer Entwicklungdenst e.v.*, Bonn, Germany.

Yan, Yunxiang. 2013. "The Drive for Success and the Ethics of the Striving Individual." In *Ordinary Ethics in China Today*, edited by Charles Stafford, 263–291. London: Bloomsbury.

Yang, Jie. 2010. "The Crisis of Masculinity: Class, Gender, and Kindly Power in Post-Mao China." *American Ethnologist* 37 (3): 550–562.

Yang Xiaofang. 2012. "Ying zai qipaoxian." *Xiaoxue kexue:*

*Jiaoshi* 4. Accessed November 12, 2019. http://www.cqvip.com/qk/89687x/201204/42062863.html.

Yinlong yinshi jituan. 2013. *Gang ren fan tang, cha can ting*. Xianggang: Wan li ji gou, Yin shi tian di chubanshe.

Yu, Lea. 2012. "A Nation of Provinces." *CKGSB Knowledge*. Cheung Kong Graduate School of Business. http://knowledge.ckgsb.edu.cn/detail/a-nation-of-provinces.

Yu, Songlin, Huiling Fang, Jianhua Han, Xinqi Cheng, Liangyu Xia, Shijun Li, Min Liu, Zhihua Tao, Liang Wang, Li'an Hou, Xuzhen Qin, Pengchang Li, Ruiping Zhang, Wei Su, and Ling Qiu. 2015. "The High Prevalence of Hypovitaminosis D in China: A Multicenter Vitamin D Status Survey." *Medicine* 94 (8): e585.

Yu, Xiaochua. 2015. "China's Fight for Safe Food." *Caixin,* May 5. http://www.slate.com/articles/news_and_politics/caixin/2015/05/china_s_broken_food_safety_system_chinese_consumers_don_t_trust_the_government.html.

Yukio, Kumashiro. 1971. "Recent Developments in Scholarship on the *Ch'min* Yaoshu in Japan and China." *The Developing Economies* 9 (4): 422–448.

Yung, Vannessa. 2015. "Now with Video—Milktealogy: Twins Help Preserve Hong Kong's Tea Drinking Culture." *South China Morning Post*, February 17. https://www.scmp.com/lifestyle/food-wine/article/1714746/milktealogy-comic-strip-devoted-preserving-hong-kongs-tea.

Zeitlyn, Sushila, and Rabeya Rowshan. 1997. "Privileged

Knowledge and Mothers' 'Perceptions': The Case of Breasfeeding and Insufficient Milk in Bangladesh." *Medical Anthropology Quarterly* 11 (1): 56–68.

Zetland Hall. 2020. "History of Zetland Hall." Zetland Hall Trustees and/or its suppliers. Accessed April 9, 2020. http://www.zetlandhall.com.

Zhang C. Z. 1978. *Ru men shi qin*. Section III. Taibei: Taiwan shang wu yin shu guan.

Zhang, Lixiang, et al. 2009. *Development Report on China Dairy*. Beijing: Zhongguo jingji chubanshe.

Zhen, Shihan, Yanan Ma, Zhongyi Zhao, Xuelian Yang, and Deliang Wen. 2018. "Dietary Pattern Is Associated with Obesity in Chinese Children and Adolescents: Data from China Health and *Nutrition Survey* (CHNS)." Nutrition Journal 17:68.

Zhong, Gonfu. 1982. "The Mulberry Dike-Fish Pond Complex: A Chinese Ecosystem of Land-Water Interaction on the Pearl River Delta." *Human Ecology* 10 (2): 191–202.

Zhou Shimí. 1990. *Yinger lun*. Shanghai: Shanghai kexue jishu chubanshe.

Zhu, Feng, Chouyong Yang, and Honghe Zhang. 2009. "Tracing Back to the Sanlu Poisonous Milk Powder: How Sanlu Glosses over the Fact." *China News*, January 4. Accessed May 13, 2018. http://www.chinanews.com.cn/cj/kong/news/2009/01-04/1513271.